建筑施工特种作业人员安全技术培训教材

建筑电工

建筑施工特种作业人员
安全技术培训教材编审委员会   组织编写
黑龙江省建设安全协会   主   编

中国建筑工业出版社

图书在版编目（CIP）数据

建筑电工／建筑施工特种作业人员安全技术培训教材编审委员会组织编写．— 北京：中国建筑工业出版社，2018.12（2023.5重印）
建筑施工特种作业人员安全技术培训教材
ISBN 978-7-112-22704-4

Ⅰ. ① 建…　Ⅱ. ① 建…　Ⅲ. ① 建筑工程-电工技术-技术培训-教材　Ⅳ. ① TU85

中国版本图书馆CIP数据核字（2018）第212981号

　　本书依据《关于建筑施工特种作业人员考核工作的实施意见》（建办质[2008]41号）中建筑电工安全技术考核大纲的要求编写，内容共分为两大部分：安全技术理论；安全操作技能。
　　本书可作为建筑电工培训、继续教育、自学、考核使用，也可供相关专业大中专院校师生学习使用。

　　责任编辑：范业庶　张　磊　王华月
　　责任校对：姜小莲

建筑施工特种作业人员安全技术培训教材
建筑电工
建筑施工特种作业人员安全技术培训教材编审委员会　组织编写
黑龙江省建设安全协会　主编

*

中国建筑工业出版社出版、发行（北京海淀三里河路9号）
各地新华书店、建筑书店经销
北京建筑工业印刷厂制版
建工社（河北）印刷有限公司印刷

*

开本：850×1168毫米　1/32　印张：7¾　字数：208千字
2019年2月第一版　2023年5月第五次印刷
定价：**28.00**元
ISBN 978-7-112-22704-4
（32809）

建筑施工特种作业人员安全技术培训教材
编审委员会

主　　　任：胡永旭　张鲁风

副　主　任：邵长利　范业庶

编委会成员：（按姓氏笔画排序）

本书编委会

主　　编：尹庆祥

副 主 编：白　晶　　张晓飞

编写人员：王立东　刘振春　周　涛　张洪涛　郭　雷
　　　　　郭新君　凌志峰　梁永贵　滑海穗

序　言

中共中央、国务院 2016 年 12 月 9 日颁发的《关于推进安全生产领域改革发展的意见》中明确指出，"安全生产是关系人民群众生命财产安全的大事，是经济社会协调健康发展的标志，是党和政府对人民利益高度负责的要求。"

建筑业是我国国民经济的重要支柱产业。改革开放以来，我国建筑业快速发展，建造能力不断增强，产业规模不断扩大，吸纳了大量农村转移劳动力，带动了大量关联产业，对经济社会发展、城乡建设和民生改善作出了重要贡献。建筑安全生产管理工作也取得了很大成绩。从总体上看，全国建筑安全生产形势呈不断好转之势，但受施工环境和作业特点等所限，特别是超高层、大体量的建设工程逐年递增，施工现场不安全因素较多，建筑安全生产形势依然非常严峻。建筑业仍属事故多发的高危行业之一，每年发生的事故起数和死亡人数有着较大波动性。因此，建筑安全生产是建筑业和工程建设发展的永恒主题，必须以习近平新时代中国特色社会主义思想为指引，牢固树立以人为本、安全发展的理念，坚持"安全第一、预防为主、综合治理"方针，坚持速度、质量、效益与安全的有机统一，强化和落实建筑业企业主体责任，防范和遏制重特大事故，防止和减少违章指挥、违规作业、违反劳动纪律行为，促进建设工程安全生产形势持续稳定好转。

建筑施工特种作业，是指在建筑施工活动中容易发生事故，对操作者本人、他人的安全健康及设备、设施的安全可能造成重大危害的作业。直接从事建筑施工特种作业的人员，称为建筑施工特种作业人员。因此，抓好建筑施工特种作业人员的专业培训教育，实行持证上岗，对于保障建筑施工安全生产具有极为重要的意义。

本系列教材的编写依据主要是《建筑施工特种作业人员管理规定》（建质 [2008]75 号）、《关于建筑施工特种作业人员考核工作的实施意见》（建办质 [2008]41 号）。根据建筑施工特种作业人员的分类和《建筑施工特种作业人员安全技术考核大纲》（试行）所规定的考核知识点，本系列教材共编为 12 本。其中，《特种作业安全生产基本知识》是综合性教材，适用于所有的建筑施工特种作业人员；其余 11 本为专业性用书，分别适用于建筑电工、普通脚手架架子工、附着升降脚手架架子工、建筑起重司索信号工、塔式起重机司机、施工升降机司机、物料提升机司机、塔式起重机安装拆卸工、施工升降机安装拆卸工、物料提升机安装拆卸工、高处作业吊篮安装拆卸工。

本系列教材的编写工作，得到了黑龙江省建筑安全监督管理总站、河南省建筑安全监督总站、湖北省建设工程质量安全协会、浙江省建筑业行业协会施工安全与设备管理分会、山东省建筑安全与设备管理协会、湖南省建设工程质量安全协会、重庆市建设工程安全管理协会、江苏省建筑行业协会建筑安全设备管理分会、广东省建筑安全协会、安徽省建设行业质量与安全协会、江苏省高空机械吊篮协会和高空机械工程技术研究院以及有关方面专家们的大力支持，分别承担和完成了本系列教材的各书编写工作。特此一并致谢！

本系列教材主要用于建筑施工特种作业人员的业务培训和指导参加考核，也可作为专业院校和有关培训机构作为建筑施工安全教学用书。本书虽经反复推敲，仍难免有不妥之处，敬请广大读者提出宝贵意见。

建筑施工特种作业人员安全技术培训教材编审委员会
2018 年 12 月

6

前　　言

为了提高建筑施工特种作业人员的素质,防止和减少建筑施工生产安全事故,中国建筑业协会建筑安全分会与中国建筑工业出版社,依据住建部颁布的《建筑施工特种作业人员管理规定》(建质 [2008]75 号)和《关于建筑施工特种作业人员考核工作的实施意见》(建办质 [2008]41 号)要求,组织修订了建筑施工特种作业人员安全技术培训教材,使人员在学习安全技术理论知识和安全操作技能后,不仅能够通过考核取得《建筑施工特种作业操作资格证书》,更能够具备独立完成相应特种作业工作的能力。

建筑电工是在建筑施工现场从事临时用电作业,可能对本人、他人及周围设备设施的安全造成重大危害作业的人员。为此本次修订《建筑电工》培训教材时,在充分考虑了建筑电工人员的文化水平、理解能力及接受能力的前提下,结合现行国家与行业标准,本着"理论联系实际,图文并茂,重在指导实践"的原则,按照"建筑施工特种作业人员安全技术考核大纲"的要求,对安全技术理论中的安全生产基本知识、专业基础知识、专业技术理论和安全操作技能中的施工现场临时用电系统的设置、电气元件与导线和电缆、临时用电接地装置、临时用电系统及电气设备故障的排除、触电急救操作技能等方面,进行了全面的完善和更新。

本培训教材由黑龙江省建设安全协会组织编写,并得到了黑龙江省住房和城乡建设厅安全监督管理总站、哈尔滨市建设安全监察站、黑河市建筑安全监督管理站、哈尔滨市建筑业协会安全分会、哈尔滨东辉建筑工程有限公司、黑龙江省七建建筑工程有限责任公司、哈尔滨建工建设有限公司、哈尔滨供水集团有限责任公司等有关单位的大力支持。在此谨对上述单位表示衷心的感谢。

由于编者学术水平所限，书中难免有不妥之处。如有疏漏和不足之处，敬请读者批评指正。

2018 年 12 月

目　　录

1 安全技术理论

1.1 安全生产基本知识

1.1.1 熟悉施工现场安全用电基本知识

1．施工现场临时用电的特点

（1）使用临时性

临时用电是工程施工前通过专项设计、设置，并维护至工程项目交工后拆除的一个使用周期的临时用电系统。

（2）使用周期长

相比其他施工机械设备，临时用电是最早进入施工现场，待工程项目正式交工后，最后拆除并撤离施工现场。

（3）系统复杂性

随着工程项目规模的不断扩大，施工机械化程度的不断提高，各种施工机械设备数量的增多，临时用电的配电系统要为施工现场的生活区域、办公区域、作业区域、加工区域等每个部位提供动力用电与照明用电。

（4）使用多变性

临时用电是随着施工机械的周期性和移动性而发生变化的，如基础施工阶段、主体施工阶段、装饰施工阶段的临时用电，在使用形式、使用位置以及用电防护方面的要求各不相同，给施工现场临时用电提出了多变化的要求。

（5）电气部件易损

配电箱、隔离开关、漏电保护器、电源线等电气设备，相比其他施工机械设备"休息"时间短，特别是在工期进度紧张阶段，歇人不歇机械的现象比较普遍。所以，电气设备老化速度快、主要电气部件损坏率高。

（6）使用环境恶劣

临时用电绝大多数露天设置，长时间受到风沙、雨雪、雷电、污染和腐蚀等介质的影响。

（7）使用人员水平各异

临时用电主要是给施工人员使用的，而大部分施工人员文化水平低、安全用电技能欠缺、自我防护意识差，不但容易损坏电器设备，而且还会给自身带来伤害。

2．施工现场临时用电的危害

（1）触电伤害事故

施工现场临时用电系统，如果未按照《施工现场临时用电安全技术规范》JGJ 46—2005 规定的 TN-S 接零保护系统进行设置，系统在失去接零保护和漏电断路器保护的状态下，人体接触到带电体之后，可发生触电伤害事故。

例如：如果外脚手架带电，会造成在外脚手架上的作业人员触电事故；如果楼板或墙面的钢筋带电，会造成接触钢筋的施工人员触电，特别是钢筋绑扎过程或混凝土浇筑过程中，易造成群体触电事故。

（2）电气火灾事故

在临时用电系统运行过程中，配电线路的设计或设置不合理，可能引发短路或过载的用电故障，产生的电弧或线路过热，会引起火灾。如果扑救不及时，会迅速蔓延至大面积火灾。如果明火遇到易燃易爆品时，易引发爆炸事故。所以，电气火灾不但会造成人员伤害，而且还会造成重大的财物损失，形成重大生产安全事故。

3．人体触电的类型

人体触电，是指超过安全电压的电流从人体通过，使人体产生病理生理效应。

施工现场人体失误触电的形式，主要可分为单相触电（图1-1）、两相触电（图1-2）和"跨步电压"（地面上0.8m一步的两点之间，因接地短路电流而造成的电压）触电（图1-3）。

图1-1　单相触电　　图1-2　两相触电　　图1-3　跨步电压触电

施工现场的触电事故大多情况是单相触电事故，通常是由于带电钢构件、开关、导线及施工机械防护措施缺陷而造成的人体失误触电事故。

4．施工现场临时用电的基本专业术语

（1）低压，交流额定电压在1kV及以下的电压。

（2）高压，交流额定电压在1kV及以上的电压。

（3）外电线路，施工现场临时用电工程配电线路以外的电力线路。

（4）有静电的施工现场，存在因摩擦、挤压、感应和接地不良等而产生对人体和环境有害静电的施工现场。

（5）强电磁波源，辐射波能够在施工现场机械设备上感应产生有害对地电压的电磁辐射体。

（6）接地，设备的一部分形成导电通路与大地的连接。

（7）工作地接，为了电路或设备达到运行要求的接地，如变压器低压中性点和发电机中性点的接地。

（8）重复接地，设备接地线上一处或多处通过接地装置与大地再次连接的接地。

（9）接地体，埋入地中并直接与大地接触的金属导体。

（10）人工接地体，人工埋入地中的接地体。

（11）自然接地体，施工前已经埋入地中，可兼作接地体用的各种构件，如钢筋混凝土基础的钢筋结构、金属井管、金属管道（非燃气）等。

（12）接地线，连接设备金属结构和接地体的金属导体（包括连接螺栓）。

（13）接地装置，接地体和接地线的总和。

（14）接地电阻，接地装置的对地电阻。它是接地线电阻、接地体电组、接地体与土壤之间的接触电阻和土壤中的散流电阻之和。

接地电阻可以通过计算或测量得到它的近似值，其值等于接地装置对地电压与通过接地装置流入地中电流之比。

（15）工频接地电阻，按通过接地装置流入地中工频电流求得的接地电阻。

（16）冲击接地电阻，按通过接地装置流入地中冲击电流（模拟雷电流）求得的接地电阻。

（17）电气连接，导体与导体之间直接提供电气通路的连接（接触电阻近于零）。

（18）带电部分，正常使用时要被通电的导体或导电部分，它包括中性导体（中性线），不包括保护导体（保护零线或保护线），按惯例也不包括工作零线与保护零线合一的导线（导体）。

（19）外露可导电部分，电气设备能触及的可导电部分。它在正常情况下不带电，但在故障情况下可能带电。

（20）触电（电击），电流流经人体或动物体，使其产生病理生理效应。

（21）直接接触，人体、牲畜与带电部分的接触。

（22）间接接触，人体、牲畜与故障情况下变为带电体的外露可导电部分的接触。

（23）配电箱，一种专门用作分配电力的配电装置，包括总配电箱和分配电箱，如无特指，总配电箱、分配电箱合称配电箱。

（24）开关箱，末级配电箱装置的统称，亦可兼作用电设备的控制装置。

（25）隔离变压器，指输入绕组与输出绕组在电气上彼此隔离的变压器，用以避免偶然同时触及带电体（或因绝缘损坏而可能带电的金属部件）和大地所带来的危险。

（26）安全隔离变压器，为安全特低电压电路提供电源的隔离变压器。

它的输入绕组与输出绕组在电气上至少由相当于双重绝缘或加强绝缘的绝缘隔离开。它是专门为配电电路、工具或其他设备提供安全特低电压而设计的。

5．施工现场临时用电的基本常用代号

（1）DK——电源隔离开关。

（2）H——照明器。

（3）L_1、L_2、L_3——三相电路的三相相线。

（4）M——电动机。

（5）N——中性点、中性线、工作零线。

（6）NPE——具有中性和保护线两种功能的接地线，又称保护中性线。

（7）PE——保护零线，保护线。

（8）RCD——漏电保护器，漏电断路器。

（9）T——变压器。

（10）TN——电源中性点直接接地时电气设备外露可导电部分通过零线接地的接零保护系统。

（11）TN-C——工作零线与保护零线合一设置的接零保护系统。

（12）TN-C-S——工作零线与保护零线前一部分合一，后一部分分开设置的接零保护系统。

（13）TN-S——工作零线与保护零线分开设置的接零保护系统。

（14）TT——电源中性点直接接地，电气设备外露可导电部分直接接地的接地保护系统，其中电气设备的接地点独立于电源中性点接地点。

（15）W——电焊机。

6. 施工现场临时用电应当遵守的法规性技术文件

为了有效地防止施工现场意外触电伤害事故的发生，保障施工人员的人身、财物安全，施工现场临时用电必须严格遵守《施工现场临时用电安全技术规范》JGJ 46—2005 的要求，并且不得违反《建设工程施工现场供用电安全规范》GB 50194—2014 的有关规定。《施工现场临时用电安全技术规范》JGJ 46—2005，是针对施工现场的特点而编制，是一个适用性很强的施工现场临时用电系统的安全技术规范，同时又是一个以防范触电伤害为目的的法规性技术文件。

《施工现场临时用电安全技术规范》JGJ 46—2005，是 2005 年 4 月建设部批准实施，适用于新建、改建和扩建的工业与民用建筑和市政基础设施施工现场临时用电工程中的电源中性点直接接地的 220/380V 三相四线低压电力系统的设计、安装、使用、维修和拆除。该规范共分 10 章，其中强制性条文 25 条。

《建设工程施工现场供用电安全规范》GB 50194—2014，是 2014 年 4 月住房和城乡建设部批准，并与国家质量监督检验检疫总局联合发布实施，适用于一般工业与民用建设工程，施工现场电压在 10kV 及以下的供用电设施的设计、施工、运行、维护及拆除，不适用于水下、井下和矿井等工程。该规范共分 13 章，其中强制性条文 7 条。

根据施工现场的实际情况，结合两个标准的适用范围，以及行业标准与国家标准的严格程度，施工现场临时用电的设计与设置和使用，应首选《施工现场临时用电安全技术规范》JGJ 46—2005 作为指导性技术文件，并在实际操作中严格执行。

7. 确保施工现场临时用电安全的"三个"要点

结合施工现场临时用电的实际，根据《施工现场临时用电安全技术规范》JGJ 46—2005 的要求，保证临时用电的安全可靠并防止发生用电事故，应满足以下"三个"基本要求，即采用 TN-S 接零保护系统、采用三级配电系统、采用二级漏电保护系统。

TN-S 接零保护系统，就是工作零线与保护零线分开设置的接零保护系统。

三级配电系统，就是指总配电箱、分配电箱和开关箱三级设置，并实行分级配电。

二级漏电保护系统，就是指在总配电箱和开关箱中分别安装漏电保护装置。

8．施工现场临时用电的一般规定

（1）施工现场临时用电的安装、迁移、维修和拆除，必须按照《关于建筑施工特种作业人员考核工作的实施意见》（建办质[2008]41号）规定，经过培训并考核合格，由获得并持有《建筑施工特种作业操作资格证书》的建筑电工操作，其他人员不得从事操作。

（2）施工现场临时用电的设计、安装、使用、维修和拆除，必须满足《施工现场临时用电安全技术规范》JGJ 46—2005以及《建设工程施工现场供用电安全规范》GB 50194—2014的规定。

（3）在高、低压线路下方，不得搭设作业棚、临时设施，不得堆放施工材料、构件设备和器材以及其他杂物。必须设置时一定要搭设满足现行规范要求的绝缘安全防护棚。

（4）临时用电危险部位，应按照《建筑工程施工现场标志设置技术规程》JGJ 348—2014规定，设置相应的安全警示标志，并安排专人负责管理。

（5）地埋线沿线部位必须标识清晰，任何人不得随意挪动、拆除。

（6）使用电气设备前，操作人员应按规定穿戴相应的劳动保护用品，检查电气装置和保护设施是否完好。开关箱使用完毕后，应立即断电上锁。

（7）严禁攀爬并随意拆除外电防护设施，严禁损坏各类电气设备。发现电气设备损坏，必须立即报告现场安全员，严禁"带病"使用。

（8）施工现场停止作业1h及以上时，应将开关箱断电上锁。

（9）搬运钢管、钢筋等较长的金属施工材料时，要防止触碰电源线。

（10）移动金属梯子或金属操作平台时，要保证与架空线路之间有足够的安全距离，确认安全后方可移动。

（11）在临近架空线路的建筑物上作业时，严禁高处抛物或者触摸、拉动电源线、固定电线杆的拉线等。

（12）人员及容易导电物体与外电架空线路边线的最小安全距离应满足现行规范要求，不能满足要求时，必须设置符合现行规范要求的防护隔离措施。

（13）严禁人员踩踏电源线，严禁车辆、施工机械、器材和施工材料堆放在电源线上。

（14）移动施工机械设备时，必须先断电，严禁带电迁移。

（15）严禁在带电的架空电源线上晾晒衣服、被褥和悬挂其他物品。

1.2 专业基础知识

1.2.1 了解力学基本知识

1. 力

（1）力的概念

力是一个物体对另一个物体的作用，它包括了两个物体，一个叫受力物体，另一个叫施力物体，两个物体间的力，又称为作用力和反作用力。

力的作用效果是使物体的运动状态或形状发生变化。力使物体运动状态发生变化的效应，称为力的外效应；使物体产生变形的效应，称为力的内效应。

力是物体间的相互机械作用，力不能脱离物体而独立存在。作用力和反作用力总是大小相等、方向相反、沿同一直线，并分别作用在这个物体上，同时存在、同时消失。

（2）力的单位与换算

在国际计量单位制中，力的单位用牛顿或千牛顿表示，简写为牛（N）或千牛（kN）。工程上习惯采用公斤力（kgf）、千克力（kgf）和吨力（tf）表示。它们之间的换算关系为：

1 牛顿（N）= 0.102 公斤力（kgf）

1 吨力（tf）= 1000 公斤力（kgf）

1 千克力（kgf）= 1 公斤力（kgf）= 9.807 牛（N）≈ 10 牛（N）

2．力的三要素

在力学中，把力的大小、方向和作用点称为力的三个要素。

力的大小表明物体间作用力的强弱程度；力的方向表明在该力的作用下，静止的物体开始运动的方向，作用力的方向不同，物体运动的方向也不同；力的作用点是物体上直接受力作用的点。

如图 1-4 所示，用手拉伸弹簧，用的力越大，弹簧拉得越长，这表明力产生的效果跟力的大小有关系；用同样大小的力拉弹簧和压弹簧，拉的时候弹簧伸长，压的时候弹簧缩短，说明力的作用效果跟力的作用方向有关系。如图 1-5 所示，用扳手拧螺母，手握在扳手手柄的 *A* 点比 *B* 点省力，所以力的作用效果与力的方向和力的作用点有关。三要素中任何一个要素的改变，都会使力的作用效果改变。

图 1-4　手拉弹簧　　　　　　图 1-5　扳手拧螺母

3．力的合成与分解

力是矢量，力的合成与分解都遵从平行四边形法则，如图 1-6 所示。平行四边形法则实质上是一种等效替换的方法。一个矢量（合矢量）的作用效果和另外几个矢量（分矢量）共同作用的效果相同，就可以用这一个矢量代替那几个矢量，也可以用那几个矢量代替这一个矢量，而不改变原来的作用效果。

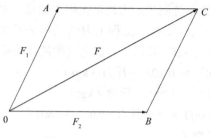

图 1-6　平行四边形法则

在分析同一个问题时，合矢量和分矢量不能同时使用。也就是说，在分析问题时，考虑了合矢量就不能再考虑分矢量；考虑了分矢量就也不能再考虑合矢量。

作用在物体上几个力的合力为零，这种情况叫作力的平衡。

4．力矩

（1）力矩的概念

在力学中，用乘积 Fd 作为度量力 F 使物体绕 O 点转动效应的物理量，并将该物理量称为力 F 对 O 点之矩，简称力矩。O 点为距心，距心 O 到力 F 作用线的垂直距离 d，称为力臂。观察用扳手拧螺母的情形，如图 1-7 所示，力 F 使扳手连同螺母绕螺母中心 O 转动。

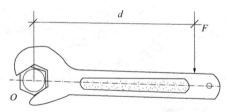

图 1-7　扳手拧螺母

当力的大小等于 0，或力的作用线通过矩心（力臂 $d = 0$）时，力矩为 0；力对某一点之矩不因力沿其作用线任意移动而改变。

（2）力矩的单位

在国际计量单位制中，力矩的单位用牛·米，简写为 N·m。

5．力偶

（1）力偶的概念

力学中，将这种大小相等、方向相反、作用线平行而不重合的两个力组成的力系，称为力偶。

如图 1-8 所示，力偶中两力（F，F'）作用线间的垂直距离 d，称为力偶臂，力偶所在的平面称为力偶作用面。

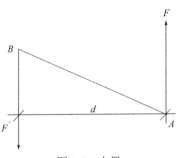

图 1-8　力偶

在实践中，我们有时可见到两个大小相等、方向相反、作用线平行而不重合的力作用于同一物体的情形。例如，钳工用丝锥攻螺纹就是这样加力的。

在力学中，用力的大小 F 与力偶臂 d 的乘积 Fd 作为度量力偶对物体转动效应的物理量，并将该物理量称为力偶矩，并用符号 m（F，F'）或 m 表示。

（2）力偶的单位

在国际计量单位制中，力偶的单位用牛·米，简写为 N·m。

1.2.2　了解机械基础知识

1．机械传动

（1）机械的概念

简单地说，机械是机器与机构的泛称，是利用力学原理组成的、用于转换或利用机械能的装置，由原动机、传动机构与工作机构三个部分组成。

如图 1-9 所示，电动可逆式卷扬机，它是电动机通过弹性柱销联轴器经减速器变速后带动卷筒旋转，卷入或放出钢丝绳来工作的。它的原动机是电动机，工作机构是卷筒，传动机构由联轴器、制动器和减速器组成。

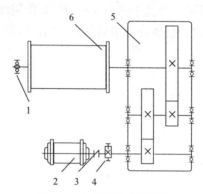

图 1-9　电动可逆式卷扬机

1—机架；2—电动机；3—联轴器；4—制动器；5—减速器；6—卷筒

如图 1-10 所示，钢筋切断机，它由电动机通过传动器及齿轮变速带动曲柄转动，曲柄通过连杆带动滑块作往复运动，装在滑块上的活动刀片则周期性地靠近或离开装在机架上的固定刀片将钢筋切断。它的原动机是电动机，工作机构是活动刀片和固定刀片，传动机构则由皮带传动机构、齿轮传动机构、曲柄连杆机构、滑块等组成。

通过上面两个例子可以看出：机械的原动机一般是电动机，它是机械工作的动力源，工作机构（执行机构）是机械直接从事工作的部分，电动机和工作机构之间的传动装置是传动机构（传动系统）。

（2）机械传动的作用

机械传动是传动方式中的一种，是利用传动系统来传递运动和动力的。常用的机械传动有皮带传动、齿轮传动、蜗轮蜗杆传动等。它的作用是：

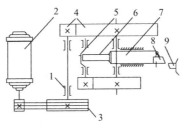

图 1-10　钢筋切断机

1—轴承座；2—电动机；3—传动机；4—齿轮传动机；
5—曲轴；6—曲轴连杆机构；7—滑块；8—活动刀片；9—固定刀片

1）传动运动和动力

原动机的运动和动力通过传动系统分别传至各工作机构，如图 1-9 中传动系统将运动和动力传给卷筒，将钢丝绳卷入或放出；图 1-10 中传动系统将运动和动力传给活动刀片，使之切断钢筋。

2）改变运动形式

一般原动机的运动形式是旋转运动，通过传动系统可将旋转运动改变为工作机构所需要的运动形式，例如钢筋切断机中活动刀片的往复直线运动。

3）调节运动速度

通过传动系统可以将原动机的运动速度改变为工作机构所需要的运动速度。如图 1-9 中将原动机的高转速变成卷筒的低转速。通常传动系统根据工作机构的需要可有增速、减速、变速、反向、离合等作用。

2．传动参数

机械传动中的主要传动参数一般是指：转速（n），单位"转 / 分钟"，用 r/min 表示；传动比（i），单位是"百分数"，用 % 表示；功率（P），单位"瓦特"，用 W 表示；效率（η），单位是"百分数"，用 % 表示；转矩（T），单位是"牛·米"，用 N·m 表示。

（1）转速和传动比

1）转速的概念

转速，是做圆周运动的物体单位时间内沿圆周绕圆心转过的圈数（与频率不同）。转速可分为额定转速与最大转速。

额定转速，是指额定功率条件下的最大转速。通常出厂时，作为产品的主要参数，标注在产品的名牌上。

最大转速，是在特定条件下转速所能达到的最大值。如硬盘内电机主轴转速，也就是硬盘盘片在正常工作电压条件下，所能达到的最大转速。

2）传动比的概念

主动轮与从动轮转速之比称为传动比，用符号"i"表示。设主动轮转速为 n_1，从动轮转速为 n_2，传动比为：

$$i = \frac{n_1}{n_2} \tag{1-1}$$

式中　i——传动比（单位是"百分数"，用 % 表示）；

　　　n_1——主动轮转速（单位"转/分钟"，用 r/min 表示）；

　　　n_2——从动轮转速（单位"转/分钟"，用 r/min 表示）。

如图 1-11 所示，电动卷扬机由小带轮（主动带轮）直接装在电动机轴上。

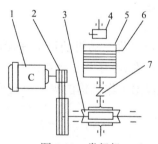

图 1-11　卷扬机

1—电动机；2—三角带传动机构；3—蜗轮蜗杆传动机构；
4—制动器；5—卷筒；6—钢丝绳；7—联轴器

一般的机械传动机构，在大多数情况下常采用多级传动，以获得较大的传动比。在多级传动中，每一级有一个传动比，这样就产生总传动比。总传动比等于各传动比的连乘积，即：

$$i_{\text{总}} = i_1 i_2 i_3 \cdots i_n \qquad (1\text{-}2)$$

（2）功率和效率

1）功率的概念

单位时间内所做的功叫功率。

功率是指物体在单位时间内所做功的多少，即功率是描述做功快慢的物理量。功的数量一定，时间越短，功率值就越大。功率可分为电功率、力的功率等。在本节中，我们主要介绍力的功率。

功率等于功与单位时间之比，即：

$$P = \frac{W}{t} \qquad (1\text{-}3)$$

式中　P——功率（单位"瓦特"，用 W 表示）；

　　W——功（单位"焦耳"，用 J 表示）；

　　t——时间（单位"秒"，用 s 表示）。

2）效率的概念

传动机的输出功率与输入功率之比称为该机构的效率，即机械效率。设主动轮输入功率为 P_1、从动轮输出功率为 P_2，则效率 η 为：

$$\eta = \frac{P_2}{P_1} \text{ 或 } P_2 = \eta P_1 \qquad (1\text{-}4)$$

式中　η——效率（单位"百分数"，用 % 表示）；

　　P_1——输入功率（单位"瓦特"，用 W 表示）；

　　P_2——输出功率（单位"瓦特"，用 W 表示）。

效率是一个小于 1 的数值，比值愈小，表示功率的损耗愈严重。传动机构的总效率等于各级传动效率的乘积，即：

$$\eta_{\text{总}} = \eta_1 \eta_2 \eta_3 \cdots \eta_n \qquad (1\text{-}5)$$

（3）转矩

使机械元件转动的力矩称为转动力矩，简称转矩，它与功率成正比，与转速成反比，即：

$$T_1=9550\frac{P_1}{n_1} \Bigg\}$$
$$T_2=9550\frac{P_2}{n_2} \Bigg\}$$
$$(1-6)$$

式中　T_1——主动轮转矩（单位"牛·米"，用 N·m 表示）；

　　　T_2——从动轮转矩（单位"牛·米"，用 N·m 表示）；

　　　P_1——主动轮功率（单位"瓦特"，用 W 表示）；

　　　P_2——从动轮功率（单位"瓦特"，用 W 表示）；

　　　n_1——主动轮转速（单位"转/分钟"，用 r/min 表示）；

　　　n_2——从动轮转速（单位"转/分钟"，用 r/min 表示）。

1.2.3　熟悉电工基础知识

1. 电流、电压、电阻、电功率等物理量的单位及含义

（1）电流

1）电流的概念

在电路中，把电荷的定向运动叫作电流。工作原理如图 1-12 所示。

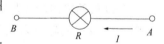

图 1-12　灯泡电流图

人们规定，以正电荷移动的方向作为电流的正方向。在闭合电路中，电流的正方向：电流从电源正极流出，通过导线、开关流入负载后回到电源的负极。

2）电流的分类

电流可分成直流电和交流电两大类：

直流电流：是指电流的方向不随时间变化的电流，例如普通电池、太阳能电池、核电池、温差电池给出的电流是直流电流，用字母"DC"或"—"表示。工作原理，如图 1-13 所示。

交流电流：是指电流的大小和方向随时间作周期性变化的电动势。例如发电厂、发电机给出的电流是交流电流，用字母"AC"或"～"表示。工作原理，如图 1-14 所示。

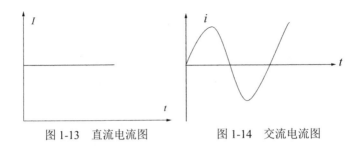

图 1-13　直流电流图　　　　　图 1-14　交流电流图

3）电流的强度、单位及计算公式

电流的强度：由于电流所产生的效果具有不同的强度，这样就形成了电流强度的概念。电流强度也简称为电流，它是用单位时间内通过导体横截面的电量多少来度量的。

电流强度的基本单位是安培，用字母表示为 A（安培），常用单位还有 kA（千安）、mA（毫安）、μA（微安）等，换算关系是：

1 kA = 1000 A　　1 A = 1000 mA　　1 mA = 1000 μA

电流强度：
$$I = \frac{Q}{t} = \frac{U}{R}$$
（1-7）

式中　I——电流强度（单位"安培"，用 A 表示）；

　　　Q——电量（单位"度，即千瓦时"，用 kW·h 表示）；

　　　t——时间（单位"秒"，用 s 表示）；

　　　U——电压（单位"伏特"，用 V 表示）；

　　　R——电阻（单位"欧姆"，用 Ω 表示）。

（2）电压

1）电压的概念

静电物或电路中两点间的电位差叫电压，如图 1-15 所示。电灯泡电压是 220V，也就是说电源加在灯丝两端的电压是 220V。

2）电压的单位及计算公式

电压用符号"U"表示，基本单位是 V（伏），常用单位还有 kV（千伏）、mV（毫伏）、μV（微伏）等，换算关系为：

1 kV = 1000 V　　1 V = 1000 mV　　1 mV = 1000 μV

电压:
$$U = I \quad R = \frac{W}{Q} \tag{1-8}$$

式中　U——电压（单位"伏特"，用 V 表示）；

　　　I——电流强度（单位"安培"，用 A 表示）；

　　　R——电阻（单位"欧姆"，用 Ω 表示）；

　　　W——功（单位"焦耳"，用 J 表示）；

　　　Q——电量（单位"度，即千瓦时"，用 kW·h 表示）。

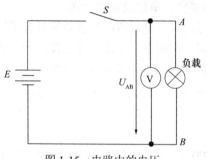

图1-15　电路中的电压

（3）电阻

1）电阻的概念

在电工学中，通常将具有良好导电性能的物体称为导体，将导电性能较差的物体称为绝缘体，导体对电流的阻碍作用叫作电阻。

2）电阻的单位及计算公式

导体的电阻单位为 Ω（欧姆），常用单位还有 kΩ（千欧）、MΩ（兆欧）等，换算关系为：1kΩ = 1000Ω　1MΩ = 1000000Ω。

电阻:
$$R = \rho \frac{L}{S} = \frac{U}{I} \tag{1-9}$$

式中　R——电阻（单位"欧姆"，用 Ω 表示）；

　　　L——导体长度（单位"米"，用 m 表示）；

　　　S——导体截面（单位"平方毫米"，用 mm^2 表示）；

　　　ρ——电阻率（单位"欧姆·米"，用 Ω·m 表示）；

U——电压（单位"伏特"，用 V 表示）；

I——电流强度（单位"安培"，用 A 表示）。

在国际单位制中，当电路两端的电压为 1V，通过的电流为 1A 时，则该段电路的电阻为 1Ω。电阻图形符号，如图 1-16 所示。

（a）　　　　　　　　　　　　　（b）

图 1-16　电阻图形符号

（a）固定式；（b）可变式

不同的材料对电流的阻碍作用大小不同，截面 $1mm^2$、长度 1m 的某种导体的电阻值叫电阻率。材料的电阻率越小，对电流的阻碍作用就越小。导体的电阻除了跟导体的材料有关以外，还跟导体横截面的大小和长度有关，横截面积越大，电阻越小，导体越长电阻越大。

3）电阻的特性

不同材质的导体，其电阻率不同；同一种材料的导体，其电阻率还与温度有关，即一般金属材料，温度升高导体电阻亦增加。

（4）电功和电功率

1）电功与电功率的概念

① 电流所做的功叫电功。

② 电功率是电流在单位时间内所做的功。

2）电功与电功率的单位及计算公式

① 电功的单位为焦耳（J），电功：

$$W = IUt \qquad (1-10)$$

② 电功率的单位是瓦特，简称瓦（W），电功率：

$$P = \frac{W}{t} = UI \qquad (1-11)$$

式中　P——电功率（单位"瓦"，用 W 表示）；

　　　W——功（单位"焦耳"，用 J 表示）；

t——时间（单位"秒"，用 s 表示）；

U——电压（单位"伏特"，用 V 表示）；

I——电流强度（单位"安培"，用 A 表示）。

2. 直流电路、交流电路和安全电压的基本知识

（1）直流电路

1）电路

① 电路的概念

电路就是由若干个具有一定功能的原件或器件来组成的一个电流的通路。

② 电路的组成

简单的电路叫电路，复杂的电路叫电网络。

电路一般由电源、负载（负荷）及中间环节（导线、开关）等基本部分组成。

用导线交将一个小灯泡的两端分别与一节干电池的正、负极连接起来，就构成了一个最简单的电路，如图 1-17 所示。其中干电池是电能的供给者，被称作电路的电源；小灯泡是消耗电能的，称作电路的负载。通过连接导线，可将电能由电源运送到负载。电灯、电炉、继电器以及电动机等都是电路的负载，它们分别将电源传送给它们的电能，转变为光能、热能或机械能为人类所用。在用电系统中，电路起着传输和转换电能的作用。

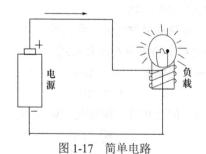

图 1-17　简单电路

③ 电路的状态

电路通常有三种状态：通路、开路和短路。

a. 通路：电路中的开关闭合，负载中有电流通过，这种状态一般为正常工作状态。

b. 开路：也称为断路，是指电路中某处断开或电路中开关打开，负载（电路）中无电流通过。

c. 短路：电源两端的导线由于某种情况而直接相连，使负载中无电流通过。短路时，电源向导线提供的电流比正常时高十至几百倍。短路是严重的事故隐患。

2）直流电路的概念

电压和电流的大小及方向不随时间变化的电路，叫直流电路。

如图 1-18 所示，是一个最简单的有源直流电路。该电路有一个电源、一个负载，电源为 E，电阻为 R_0，负载电阻为 R。

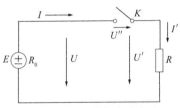

图 1-18　最简单的直流电路

3）串联电路

是由多个外负载电阻互相串联的电路，叫串联电路。

串联电路的特点，如图 1-19 所示：

① 流过每个电阻的电流相等，$I_1 = I_2 = I_3$

② 电路总电压等于各分电压之和，$U = U_1 + U_2 + U_3$

③ 电路的总电阻等于各分电阻之和，$R_{总} = R_1 + R_2 + R_3$

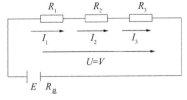

图 1-19　串联电路

4）并联电路

将电阻两端即首端都连在一起，末端也都连在一起的方式，叫电阻的并联。

并联电路的特点，如图 1-20 所示：$R_1 = 1\Omega$　$R_2 = 2\Omega$　$R_3 = 4\Omega$

① 并联电路中各电阻两端电压相等 $U = U_1 = U_2 = U_3$；

② 电路中总电流等于各分电压之和 $I = I_1 + I_2 + I_3$；

③ 并联电路等效电阻的倒数之和等于各并联支路电阻倒数之和 $\dfrac{1}{R} = \dfrac{1}{R_1} + \dfrac{1}{R_2} + \dfrac{1}{R_3}$。

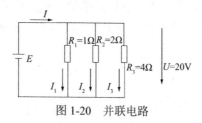

图 1-20　并联电路

5）混联电路

在一个电路里，即有电阻串联又有电阻并联的电路，称为混联电路。

如图 1-21 所示，混联电路的方法是，先按串联或并联电路的特点将电路简化。如 R_1 与 R_2 串联，R_3 与 R_4 串联。用串联电路的特点简化成图 1-22 所示电路，电路由两个并联电阻组成。

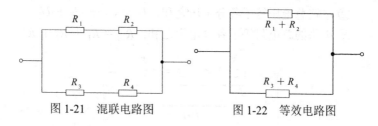

图 1-21　混联电路图　　　　图 1-22　等效电路图

（2）交流电路

在前面我们介绍过，交流电流是指电流的大小和方向随时间作周期性变化的电动势。

1）交流电路的概念

电压或电流的大小和方向随时间作周期性变化的电路，叫交流电路。

交流电路中电流、电压按一定规律循环变化，经过相同的时间后，又重复原来的变化规律，这种交流电叫作周期性交流电。

周期性交流电中应用最广泛的是正弦规律变化的交流电，称为正弦交流电。

2）正弦交流电的大小

① 瞬时值，正弦交流电在变化过程中，任意时刻的数值，称为正弦交流电的瞬时值，用小写符号 e、u、i 表示。

② 最大值，正弦交流电的最大值又称振幅值，也可称为峰值。是指在交流电变化过程中，正弦交流电出现的最大瞬时值，用符号 E_m、I_m、U_m 表示。

③ 有效值，在工程应用时，正弦交流电的大小用有效值表示，它是根据正弦交流电与直流电流的热效应相等来定义的。

一个交流电流和一个直流电流分别通过同一电阻，如果经过相同时间产生同样的热量，则这个直流电流的数值等效为这个交流电流的有效值。有效值用大写符号 E、U、I 表示。

3）正弦交流电的"三要素"

简单地说，正弦交流电的"三要素"是指角频率、最大值、初相位（初相）。

① 单位时间内变化的电角度为角频率。

② 交流电在一个周期中所出现的最大瞬时值，叫作交流电的最大值。如图 1-23（b）所示。

③ 在交流电的表达式中，$\omega t + \varphi$ 叫作初相位。初相位一般用 φ 表示，如图 1-23（c）所示，图中 i_1 的初相位 φ_1，i_2 的初相位 φ_2。初相位表示交流电在计时起点时刻的起始变化趋势，它对于描述同频率的几个正弦量间的相互关系是非常重要的。

正弦交流电的三要素，如图 1-23 所示。正弦交流电随时间的变化可快可慢。为了衡量交流电变化的快慢，常用周期（T）或频率（f）来表示。在图 1-23（a）中，交流电由 0 变化到 a 所需的时间就是一个周期。在我国工频交流电的周期是 0.02s，一个周期对应的电角度是 2π 或 360°。1s 内交流电重复变化的次数叫频率，单位是 1/s 或 Hz（赫兹）。

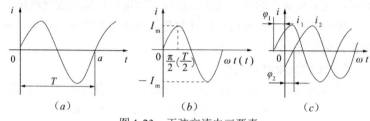

图 1-23　正弦交流电三要素

4）交流电路的基本知识

在交流电路中，有单相交流电路和三相交流电路。

单相交流电路主要有单相两线式、单相三线式，电源电压为 220V，普遍用于照明和家庭用电。如照明供电属于单相两线式线路，电水壶供电属于单相三线式线路。

三相交流电路主要有三相三线式、三相四线式、三相五线式，电压 380V 的一般用于工厂、建筑施工现场的用电。如电动机供电属于三相三线式，建筑施工现场配电箱中的漏电断路器供电属于三相四线式，建筑施工现场总配电柜属于三相五线式。

三相交流电比单相交流电所具备的优点：

① 三相发电机比体积相同的单相发电机输出的功率大。

② 三相发电机的结构简单，比单相发电机结构稍复杂，而使用、维护都比较方便，且运转时比单相发电机的振动小。

③ 在同样条件下输送同样大的功率时，特别是在远距离输电时，三相输电比单项输电节约材料。

为此，目前电能的产生、输送和分配几乎都采用三相交流电，当有单项负载时，可使用三相交流电中的一相即可完成工作。

24

（3）安全电压

1）安全电压的概念

根据《特低电压（ELV）限值》GB/T 3805—2008 定义，安全电压是为防止触电事故而采用的由特定电源供电的电压系列。这个电压系列的上限值，在任何情况下，两导体间或任一导体与地之间均不得超过交流（50～500Hz）有效值 50V。

2）安全电压的等级分类

安全电压额定值的等级分为 42V、36V、24V、12V、6V。

3）安全电压的使用要求

根据现行行业标准规定，不同的作业环境与条件，应选用不同等级的安全电压：

① 隧道、人防工程、高温、有导电灰尘、比较潮湿或灯具距离地面高度低于 2.5m 等场所的照明或者行灯照明，电源电压不应大于 36V。

② 潮湿和易触及带电体场所的照明，电源电压不得大于 24V。

当电气设备采用了超过 24V 的安全电压时，必须采取防止直接接触带电体的保护措施。

③ 特别潮湿场所、导电良好的地面、锅炉或金属容器内的照明，电源电压不得大于 12V。

42V 与 6V 安全电压，适用于有特殊要求的电器设备上，建筑施工过程中极少使用。

3. 常用电器元件的基本知识、结构及其作用

（1）基本知识

1）电器及电器元件的概念

根据外界特定信号自动或手动地接通或断开电路，实现对电路或用电对象控制的电气设备叫作电器。

电器元件是各种机械控制电路及电力带动自动控制系统的基本组成元件。

2）电器元件的分类

电器元件的种类很多，分类方法也有多种，如：

① 按工作电压等级分类

a. 高压电器元件，用于交流电压 1200V、直流电压 1500V 及以上电路中的电器。例如高压断路器、高压隔离开关、高压熔断器等。

b. 低压电器元件，用于交流 50Hz（或 60Hz），额定电压为 1200V 以下；直流额定电压 1500V 及以下的电路中的电器。例如接触器、继电器等。

② 按动作原理分类

a. 手动电器元件，用手或依靠机械力进行操作的电器，如手动开关、控制按钮、行程开关等主令电器。

b. 自动电器元件，借助于电磁力或某个物理量的变化来自动进行操作的电器，如接触器、各种类型的继电器、电磁阀等。

③ 按用途分类

a. 控制电器元件，用于各种控制电路和控制系统的电器，例如接触器、继电器、电动机启动器等。

b. 主令电器元件，用于自动控制系统中发送动作指令的电器，例如按钮、行程开关、万能转换开关等。

c. 保护电器元件，用于保护电路及用电设备的电器，如熔断器、热继电器、各种保护继电器、避雷器等。

d. 执行电器元件，指用于完成某种动作或传动功能的电器，如电磁铁、电磁离合器等。

e. 配电电器元件，用于电能的输送和分配的电器，例如高压断路器、隔离开关、刀开关、自动空气开关等。

④ 按工作原理分类

a. 电磁式电器，依据电磁感应原理来工作，如接触器、各种类型的电磁式继电器等。

b. 非电量控制电器，依靠外力或某种非电物理量的变化而动作的电器，如刀开关、行程开关、按钮、速度继电器、温度继电器等。

3）建筑施工现场临时用电的常用电器元件

建筑施工现场临时用电的常用电器元件，是指工作交流电50Hz或60Hz，额定电压1000V及以下，或者直流额定电压1200V及以下电路中，用来对电能的生产、输送、分配和使用起到开关、控制、调节和保护作用的低压电器配件。

建筑施工现场常用的低压电器，主要有漏电保护器、断路器（自动空气开关）、互感器、继电器、交流接触器、指示灯等。

4）电器元件的安装与维护

随着科学技术的飞速发展，电器元件更新换代比较快，因此电器元件的安装与维护，一定按照其产品使用说明书或产品生产厂家的要求进行。

（2）常用电器元件的结构及作用

1）漏电保护器

①漏电保护器概念

漏电保护器，是指当电路中的漏电电流超过允许值时，能够自动切断电源或报警的保护装置，符号为RCD。

②漏电保护器的分类

a.漏电保护器按其动作原理可分为电压动作型和电流动作型两大类。电流动作型的漏电保护器又分为电磁式、电子式两种。

b.漏电保护器按其工作性质可分为漏电断路器和漏电继电器。

c.漏电保护器按其漏电动作值又分为高灵敏度型、中灵敏度型和低灵敏度型三种。

d.漏电保护器按其动作速度又分为高速型、延时型和反时限型三种。

e.漏电保护器按其极数和电流回路数分为单极两线漏电保护器、两极漏电保护器、两极三线漏电保护器、三极漏电保护器、三极四线漏电保护器和四极漏电保护器。

③漏电保护器的工作原理

施工现场临时用电系统使用的漏电保护器一般是电流动作型的，其工作原理，如图1-24所示。

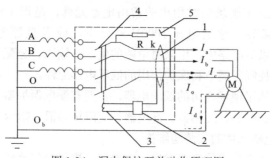

图 1-24　漏电保护开关动作原理图

1—剩余电流互感器；2—剩余电流放大器；3—脱扣器；
4—断路器；5—试验按钮

④ 漏电保护器的结构

漏电保护器主要由五部分组成：剩余电流互感器、剩余电流放大器、脱扣器、断路器和试验按钮。漏电保护器的工作核心是漏电检测原件，即剩余电流互感器，它有一个环形铁芯，铁芯上绕有次级线圈，穿过铁芯内孔的导线充当原级线圈。

⑤ 电流动作型漏电保护器的主要技术参数

a. 额定电压：漏电保护器的工作电压，即被保护设备的额定电压有 220V、380V 两种。

b. 额定电流：漏电保护器长期通过的并能正常接通或分断的电流。漏电开关工作电流的等级有（IEC 标准）：6A、10A、16A、20A、32A、40A、50A、63A、100A、200A、400A 等。

c. 额定漏电动作电流：额定漏电动作电流一般用 $I_{\triangle n}$ 表示，当漏电电流等于或大于 $I_{\triangle n}$ 值时，漏电保护器必须动作。

d. 额定漏电不动作电流：额定漏电不动作电流一般用 $I_{\triangle no}$ 表示，当漏电电流小于该值时，漏电保护器必须不动作，其优选值为 $I_{\triangle no} = 0.5 I_{\triangle n}$。

e. 额定漏电动作时间：漏电动作时间是指从突然施加漏电动作电流时起，到被保护电路切断为止的时间。额定漏电动作时间是漏电保护器动作时间的额定值，即漏电保护器的动作时间必须小于或等于该额定值。

f. 额定接通分断能力：漏电保护器在规定的使用性能条件下，所能分断的漏电电流值和短路电流值。

g. 防溅：防溅是指漏电保护器的外壳防护等级必须符合《外壳防护等级（IP 代码）》GB 4208—2017 中的 IP44 级要求，也就是必须能通过 10 min 的淋雨试验，淋雨试验后还要能承受 1000V 耐压试验，各项动作特性仍能符合要求。

⑥ 漏电保护器的选用

漏电保护器主要是对可能致命的触电事故进行保护，也能防止火灾事故的发生，因此要依据不同的使用目的和安装场所来选用漏电保护器。漏电保护器的选用主要是选择其特性参数。触电程度是和通过人体的电流值有关，人体对通过电流大小的承受能力不一样，而且人的体质、体重、性别及健康状况差异也有所不同。通过人体工频电流时的危害最大，人体对电击承受能力见表 1-1。

人体对触电的承受能力　　表 1-1

人体对交流 50Hz 电击的承受能力	感觉电流（mA）
刚有感觉	1
感觉到相当痛	5
痛得不能忍受	10
肌肉会产生激烈收缩，并且受害者不能自行摆脱	20
相当危险	50
会引起致命的后果	100

电击的强度和人体对电击的承受能力除了和通过人体的电流值有关外，还与电流在人体中持续的时间有关。1966 年，德国的克彭提出在工频下把通过人体的电流（mA）与电流在人体中持续时间（s）的乘积为 50 作为安全界线，即 IT = 50mA·s。后来国际上也承认这个观点，并提出还应考虑一个安全系数，即应使 IT = 30 mA·s。

漏电保护器的选择应符合《施工现场临时用电安全技术规

范》JGJ 46—2005 中第 8.2.9 条、8.2.10 条、8.2.11 条、8.2.12 条、8.2.13 条的规定。具体如下：

8.2.9　漏电保护器的选择应符合现行国家标准《剩余电流动作保护器的一般要求》GB 6829 和《漏电保护器安装和运行的要求》GB 13955 的规定。

8.2.10　开关箱中漏电保护器的额定漏电动作电流不应大于 30mA，额定漏电动作时间不应大于 0.1s。

使用于潮湿或有腐蚀介质场所的漏电保护器应采用防溅型产品，其额定漏电动作电流不应大于 15mA，额定漏电动作时间不应大于 0.1s。

8.2.11　总配电箱中漏电保护器的额定漏电动作电流应大于 30mA，额定漏电动作时间应大于 0.1s，但其额定漏电动作电流与额定漏电动作时间的乘积不应大于 30mA·s。

8.2.12　总配电箱和开关箱中的漏电保护器的极数和线数必须与其负荷侧负荷的相数和线数一致。

8.2.13　配电箱、开关箱中漏电保护宜选用无辅助电源型（电磁式）产品，或选用辅助电源故障时能自动断电的辅助电源型（电子式）产品。当选用辅助电源故障时不能自动断开的辅助电源型（电子式）产品时，应同时设置缺相保护。

LBM-1 漏电保护器（图 1-25）和 DZ15LE（D 型）系列漏电保护器（图 1-26），是原建设部第 659 号公告《建设事业"十一五"推广应用和限制禁止技术（第一批）》（推广应用技术部分）第 252 条至第 257 条推广的新技术产品。这两种产品符合《施工现场临时用电安全技术规范》JGJ 46—2005 第 8.2.13 条规定的，并且经过国家质量认证中心的强制性产品认证（CCC）。

LBM-1 漏电保护器的特点：一是漏电电流数字显示；二是三相电网中的漏电保护器能够显示漏电的相序及漏电电流；三是抗干扰性强，不会误动作，具备可延时重新合闸的功能。

DZ15LE（D 型）系列漏电保护器的特点：一是塑壳式透明并能看到明显可视性断点；二是具有过载、短路、断相及漏电保护功能；三是电子式漏电保护器，还具有辅助电源故障时自动断电保护功能。

目前，上述两种型号的漏电保护器，是建筑施工现场临时用电系统中，总配电箱和开关箱中出厂时标准配置的电器元件之一。

图 1-25　LBM-1 漏电保护器

图 1-26　DZ15LE（D型）系列漏电保护器

2）断路器（自动空气开关）

① 断路器概念

断路器，又叫自动空气开关或空气开关，属于开关电器的一种，符号为 QF ；图形符号，如图 1-27 所示。它是一种既有手动开关作用，又能自动进行失压、欠压、过载和短路保护的电器。

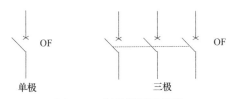

单极　　　　　　　　　　三极

图 1-27　断路器图形符号

断路器的作用，当线路发生短路、严重过载以及失压等故障时，它能够自动切断故障电路，有效地保护电气设备及线路。

断路器的功能：短路保护、过载保护等，也可在正常条件下用来非频繁地切断电路。

② 断路器的分类

a. 按操作方式：电动操作、储能操作和手动操作。

b. 按结构：万能式和塑壳式。

c. 按使用类别：选择型和非选择型。

d. 按灭弧介质：油浸式、真空式和空气式。

e. 按动作速度：快速型和普通型。

f. 按极数分有：单级、二级、三级和四级等。

g. 按安装方式：插入式、固定式和抽屉式等。

常用的断路器一般根据额定电流大小分为：框架式（万能式）断路器（一般630A以上）、塑壳式（装置式）断路器（一般630A以下）、微型断路器（一般63A以下）。

③ 断路器的工作原理

断路器的主触点是靠手动操作或电动合闸。主触点闭合后，自由脱扣机构将主触点锁在合闸位置上。过电流脱扣器的线圈和热脱扣器的热元件与主电路串联，欠电压脱扣器的线圈和电源并联。当电路发生短路或严重过载时，过电流脱扣器的衔铁吸合，使自由脱扣机构动作，主触点断开主电路；当电路过载时，热脱扣器的热元件发热，使双金属片向上弯曲，推动自由脱扣机构动作；当电路欠电压时，欠电压脱扣器的衔铁释放，也使自由脱扣机构动作；电路欠电压时，欠电压脱扣器的衔铁释放，也使自由脱扣机构动作；分励脱扣器则作为远距离控制用，在正常工作时，其线圈是断电的，在需要远距离控制时，按下启动按钮，使线圈通电，衔铁带动自由脱扣机构动作，使主触点断开。断路器工作原理见图1-28。

④ 断路器的结构

断路器一般由操作机构、触点、保护装置（各种脱扣器）、灭弧系统等组成。断路器的构造，如图1-29所示。

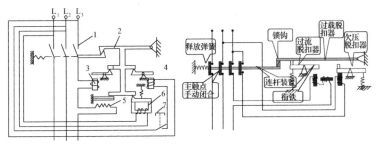

图 1-28 断路器工作原理图

1—主触点；2—自由脱扣机构；3—过电流脱扣器；4—分励脱扣器；
5—热脱扣器；6—欠电压脱扣器；7—停止按钮

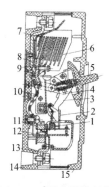

图 1-29 断路器的结构

1—牵引杆；2—锁扣；3—跑钩；4—连杆；5—操作手柄；6—灭弧室；
7—引入线和接线端子；8—静触头；9—动触关；10—可挠接条；
11—电碰脱扣器；12—热脱扣器；13—引出线和接线端子；
14—塑料底座；15—塑壳盖

⑤ 断路器的选用

断路器的一般选用原则：

a. 断路器额定电压大于或等于线路额定电压。

b. 断路器欠压脱扣器额定电压等于线路额定电压。

c. 断路器分励脱扣器额定电压等于控制电源电压。

d. 断路器壳架等级的额定电流大于或等于线路计算负载电流。

e. 断路器脱扣器额定电流大于或等于线路计算电流。

f. 断路器的额定短路通断能力大于或等于线路中最大短路电流。

g. 线路末端单相对地短路电流大于或等于 1.5 倍断路器瞬时（或短路时）脱扣器整定电流。

h. 断路器的类型应符合安装条件、保护性能及操作方式的要求。

DZ20T 系列透明塑壳断路器（图 1-30），是原建设部第 659 号公告《建设事业"十一五"推广应用和限制禁止技术（第一批）》（推广应用技术部分）第 252 条至第 257 条推广的新技术产品。该产品具有可见分断点的隔离、过载及短路保护功能，产品通过隔离功能附加试验。特点是解决了普通透明塑壳断路器不具备隔离功能的缺点，并设置了断开位置指示件。

图 1-30　DZ20T 透明塑壳断路器

3）互感器

① 互感器概念

互感器，又称为仪用变压器，是电流互感器和电压互感器的统称。能将高电压变成低电压、大电流变成小电流，用于量测或保护系统。

互感器的功能，主要是将高电压或大电流按比例变换成标准低电压（100V）或标准小电流（5A或1A，均指额定值），以便实现测量仪表、保护设备及自动控制设备的标准化、小型化。同时互感器还可用来隔开高电压系统，以保证人身和设备的安全。

② 互感器的分类

互感器分为电压互感器和电流互感器两大类，主要作用：将一次系统的电压、电流信息准确地传递到二次侧相关设备；将一次系统的高电压、大电流变换为二次侧的低电压（标准值）、小电流（标准值），使测量、计量仪表和继电器等装置标准化、小型化，并降低了对二次设备的绝缘要求。将二次侧设备以及二次系统与一次系统高压设备在电气方面很好地隔离，从而保证了二次设备和人身的安全。

a. 电压互感器

电压互感器可分为七类，即按用途、绝缘介质、相数、电压变换原理、使用条件、一次绕组对地运行状态、磁路结构进行细分。

b. 电流互感器

电流互感器分为四类，即按用途、绝缘介质、电流变换、安装方式进行细分。

③ 互感器的工作原理

电压互感器的工作原理，测量交变电流的大电压时，为能够安全测量在火线和地线之间并联一个变压器（接在变压器的输入端），这个变压器的输出端接入电压表，由于输入线圈的匝数大于输出线圈的匝数，因此输出电压小于输入电压，电压互感器就是降压变压器。

电流互感器的工作原理，测量交变电流的大电流时，为能够安全测量在火线（或地线）上串联一个变压器（接在变压器的输入端），这个变压器的输出端接入电流表，由于输入线圈的匝数小于输出线圈的匝数，因此输出电流小于输入电流（这时的输出电压大于输入电压，但是由于变压器是串联在电路中所以输入电压很小，输出电压也不大），电流互感器就是升压（降流）变压器。

④ 互感器的结构

普通电流互感器结构原理：电流互感器的结构较为简单，由相互绝缘的一次绕组、二次绕组、铁心以及构架、壳体、接线端子等组成。其工作原理与变压器基本相同，一次绕组的匝数（N_1）较少，直接串联于电源线路中，一次负荷电流（I_1）通过一次绕组时，产生的交变磁通感应二次电流（I_2）按比例减小；二次绕组的匝数（N_2）较多，与仪表、继电器、变送器等电流线圈的二次负荷（Z）串联形成闭合回路，如图1-31所示。由于一次绕组与二次绕组有相等的安培匝数，$I_1N_1 = I_2N_2$，电流互感器额定电流比电流互感器实际运行中负荷阻抗很小，二次绕组接近于短路状态，相当于一个短路运行的变压器。

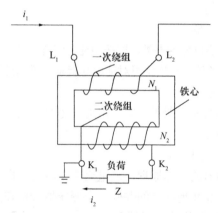

图1-31 普通电流互感器结构原理图

穿心式电流互感器其本身结构不设一次绕组，载流（负荷电流）导线由 L_1 至 L_2 穿过由硅钢片制成的圆形（或其他形状）铁心起一次绕组作用。二次绕组直接均匀地缠绕在圆形铁心上，与仪表、继电器、变送器等电流线圈的二次负荷串联形成闭合回路，如图1-32所示。由于穿心式电流互感器不设一次绕组，其变比根据一次绕组穿过互感器铁心中的匝数确定，穿心匝数越多，变比越小；反之，穿心匝数越少，变比越大，额定电流比 I_1/n：
式中 I_1——穿心一匝时一次额定电流；n——穿心匝数。

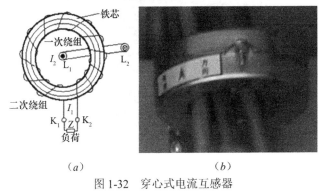

图 1-32　穿心式电流互感器
（a）工作原理图；（b）实物图

⑤ 互感器的选用

互感器选用时，应注意以下几个方面：

a. 电流互感器的额定一次电流一般按线路的 1.2～1.4 倍电流选用电流互感器，这主要是考虑线路过载时不至于烧毁电流互感器和电流表或电压表等用电设备。

b. 电流互感器的额定一次电流也不能选的比线路的实际工作电流相差太大，这将影响电流互感器的计量精度。

c. 互感器是在额定的二次输出负载范围内才能保证互感器精度。因此包括二次线路负载以及计量装置的负载都为互感器实际工作的负载，当互感器二次实际输出负载大于互感器二次额定输出负载时，互感器精度将降低，严重过载时将烧毁互感器。

d. 当互感器二次实际输出负载低于互感器额定二次输出负载时，互感器的精度将降低。

e. 根据不同的使用场合选用适宜的互感器产品。

f. 户外用互感器和室内用互感器严禁混用。

结合施工现场临时用电的特点，目前施工现场临时用电的总配电箱中，主要使用的是电流互感器，如图 1-33 所示。

图 1-33　电流互感器

4）继电器

① 继电器概念

继电器是一种电子控制器件，是当输入量（激励量）的变化达到规定要求时，在电气输出电路中使被控量发生预定的阶跃变化的一种电器。

因为继电器具有控制系统（又称输入回路）和被控制系统（又称输出回路）之间的互动关系。通常应用于自动化的控制电路中，它实际上是用小电流去控制大电流运作的一种"自动开关"。因此继电器在电路中起着自动调节、安全保护、转换电路等作用。具体来讲，继电器有如下几种作用：

a. 扩大控制范围：例如，多触点继电器控制信号达到某一定值时，可以按触点组的不同形式，同时换接、开断、接通多路电路。

b. 放大：例如，灵敏型继电器、中间继电器等，用一个很微小的控制量，可以控制很大功率的电路。

c. 综合信号：例如，当多个控制信号按规定的形式输入多绕组继电器时，经过比较综合可达到预定的控制效果。

d. 自动、遥控、监测：例如，自动装置上的继电器与其他电器一起，可以组成程序控制线路，从而实现自动化运行。

② 继电器的分类

继电器可分为七类，即按工作原理或结构特征、外形尺寸、负载、防护特征、动作原理、反应的物理量、在保护回路中所起的作用进行细分。

③ 继电器的工作原理

因为继电器的种类较多，在本书中我们以建筑施工现场临时用电系统常用的热继电器为例，介绍热继电器的工作原理。热继电器是按继电器的工作原理分类的一种。符号为 FR，图形符号如图 1-34 所示。继电器的工作原理，如图 1-35 所示。

| 热元件 | 常开触头 | 常闭触头 |

图 1-34　热继电器图形符号

热继电器是利用电流的热效应来切断电路的保护电器，专门用来对连续运转的电动机进行过载及断相保护，防止电动机过热而烧毁，它是一种反时限动作的继电器。几种最常见的热继电器，如图 1-36 所示。

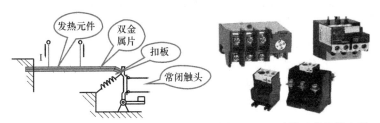

图 1-35　热继电器的结构和工作原理　　图 1-36　几种常见的热继电器

热继电器按相数分可为两相热继电器和三相热继电器。三相热继电器还分为不带断相保护和带断相保护两种。

热继电器的工作原理：发热元件接入电机主电路，若长时间过载，双金属片被烤热。因双金属片的下层膨胀系数增大，使其向上弯曲，扣板被弹簧拉回，常闭触头断开，如图 1-36 所示。

④ 继电器的结构

继电器一般由铁芯、线圈、衔铁、触点簧片等组成的，如图 1-35 所示。继电器一般有两股电路，为低压控制电路和高压工作电路。

⑤ 继电器的选用

a. 当热继电器用来保护长期工作制或间断长期工作制的电动机时，一般可选用二相结构、三相结构或带有断相保护的三元件热继电器。

b. 当热继电器用以保护反复短时工作制的电动机时，热继电器仅有一定范围的适应性。如果每小时操作次数很多，就要选用带速饱和电流互感器的热继电器。

c. 双金属片热继电器一般用于轻载，不频繁启动电动机的过载负荷保护。对于重载、频繁启动的电动机，则可用电流继电器做它的过负载荷和短路保护，因为热元件受热变形需要时间，故热继电器不能作短路保护。

d. 热元件的额定电流和整定电流的选择：热元件的整定电流通常调整到电动机额定电流的 0.95 ～ 1.05 倍，此时，整定电流应留有一定的上下限调整范围。

5）交流接触器

① 交流接触器概念

接触器，广义上是指工业电中利用线圈流过电流产生磁场，使触头闭合，以达到控制负载的电器。

接触器分为交流接触器（电压 AC）和直流接触器（电压 DC），它应用于电力、配电与用电场合。符号为 KM，图形符号，如图 1-37 所示。

施工现场临时用电系统中，主要使用的是交流接触器，因此本书重点介绍交流接触器的相关基本知识。交流接触器，如图 1-38 所示。

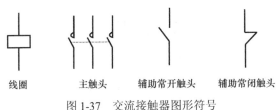

线圈　　　　主触头　　辅助常开触头　辅助常闭触头

图 1-37　交流接触器图形符号

图 1-38　几种交流接触器

② 交流接触器的分类

交流接触器按主触点连接回路的形式分为：直流接触器、交流接触器。按操作机构分为：电磁式接触器、永磁式接触器。

③ 交流接触器的工作原理

交流接触器的工作原理是利用电磁力与弹簧弹力相配合，实现触头的接通和分断的。交流接触器有两种工作状态：失电状态（释放状态）和得电状态（动作状态）。如图 1-39 所示，当线圈通电时，铁芯被磁化，吸引衔铁向下运动，使得常闭触头断开，常开触头闭合。当线圈断电时，磁力消失，在反力弹簧的作用下，衔铁回到原来位置，即触头恢复到原来状态。

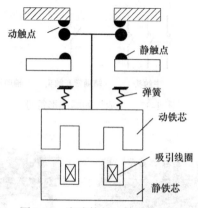

图 1-39　交流接触器的工作原理

④ 交流接触器的结构

交流接触器主要是由电磁机构、触点系统、灭弧机构、回位弹簧装置、支架与底座等构成。交流接触器的结构，如图 1-40 所示。

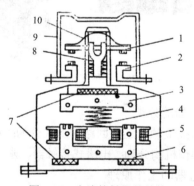

图 1-40　交流接触器的结构

1—动触头；2—静触头；3—衔铁；4—缓冲弹簧；5—电磁线圈；6—铁心；
7—垫毡；8—触头弹簧；9—灭弧罩；10—触头压力簧片

⑤ 交流接触器的选用

a. 接触器主触头的额定电压的选择

接触器铭牌上所标额定电压系指主触头能承受的电压，并非

42

吸引线圈的电压，使用时接触器主触头的额定电压应大于或等于负荷的额定电压。

b. 接触器主触头额定工作电流的选择

接触器的额定工作电流并不完全等于被控设备的额定电流，这是它与一般电器的不同点。被控制设备的工作方式分为长期工作制、间断长期工作制、反复短时工作制三种情况，根据这三种运行状况，按下列原则选择接触器的额定工作电流。

（a）对于长期工作制运行的设备，一般按实际最大负荷电流占交流接触器额定工作电流的 67% ～ 75% 这个范围选用。

（b）对于间断长期工作制运行的用电设备，选用交流接触器的额定工作电流时，使最大负荷电流占接触器额定工作电流的80% 为宜。

（c）反复短时间工作制运行的用电设备（暂载率不超过40%时）选用交流接触器的额定工作电流时，短时间的最大负荷电流可超过接触器额定工作电流的 16% ～ 20%。

c. 接触器极数的选择

根据被控设备运行要求（如可逆、加速、降压启动等）来选择接触器的结构形式（如三极、四极、五极）。

d. 接触器吸引线圈电压的选择

如果控制线路比较简单，所用接触器的数量较少。交流接触器吸引线圈的额定电压，一般选用被控设备的电源电压，如380V 或 220V。如果控制线路比较复杂，使用的电器又较多，为了安全起见，线圈的额定电压可选低一些，这时需要加一个控制变压器。

6）主令电器

① 主令电器概念

主令电器，用来发布命令、改变控制系统工作状态的电器。作用是闭合、断开控制电路，不允许分合主电路。

常用主令电器有控制按钮、行程开关、万能转换开关和主令控制器等。

② 控制按钮

a. 按钮开关概念

按钮开关，是一种结构简单，应用广泛的主令电器。在电气自动控制电路中，用于手动发出控制信号以控制接触器、继电器、电磁启动器等。按钮开关的文字符号为SB，图形符号如图 1-41 所示，按钮开关的结构，如图 1-42 所示。

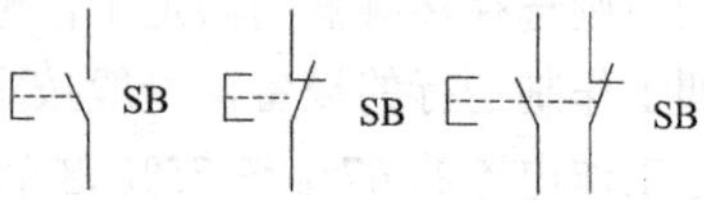

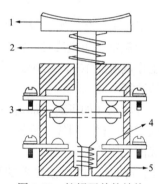

SB
SB
SB
常开按钮
常闭按钮
复合按钮

图 1-41　按钮开关图形符号

1
2
3
4
5

图 1-42　按钮开关的结构

1—按钮帽；2—复位弹簧；3—常闭触点；4—常开触头；5—外壳

b. 按钮开关分类

按钮开关的结构种类很多，可分为普通揿钮式、蘑菇头式、自锁式、自复位式、旋柄式、带指示灯式、带灯符号式及钥匙式等，有单钮、双钮、三钮及不同组合形式。一般是采用积木式结构，由按钮帽、复位弹簧、桥式触头和外壳等组成，通常做成复合式，有一对常闭触头和常开触头，有的产品可通过多个元件的串联增加触头对数。还有一种自持式按钮，按下后即可自动保持闭合位置，断电后才能打开。几种常用按钮，如图 1-43 所示。

平头按钮　　　　　旋转按钮　　　　　钥匙按钮

急停按钮　　　　　双位按钮　　　　　平头带灯按钮

图1-43　几种常用按钮

c. 按钮的颜色

为了标明各个按钮的作用，避免误操作，通常将按钮帽做成不同的颜色，以示区别，其颜色有红、绿、黑、黄、蓝、白等。如图1-44所示，红色表示停止按钮，绿色表示启动按钮等。

图1-44　按钮开关

d. 按钮开关选用

（a）根据按钮使用场合、结构形式、触头数选用，如开启式、防水式、防腐式。

（b）按照控制回路的需要，确定不同的按钮数，如单钮、双钮、三钮、多钮等。

（c）按工作状态指示和工作情况的要求，选择按钮及指示灯的颜色。

（d）线路的电流应不超过按钮的额定电流（不超过 5 A），线路的电压应不超过按钮的额定电压（交流电压 500V，直流电压 440V）。

③ 行程开关

a. 行程开关概念

行程开关，又称限位开关或位置开关，是根据运动部件的运动位置而进行电路切换的自动控制电器。行程开关的文字符号为 SQ，图形符号，如图 1-45 所示。

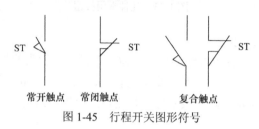

常开触点　　常闭触点　　　复合触点

图 1-45　行程开关图形符号

行程开关的作用，用来控制某些机械部件的运动行程和位置或限位保护。建筑施工现场施工升降机，使用行程开关，它是施工升降机重要的设备保险装置之一，如图 1-46 所示。

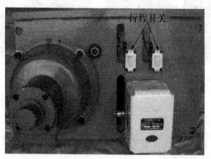

图 1-46　施工升降机上安装的行程开关

b. 行程开关分类

行程开关按其结构可分为直动式、滚轮式、微动式，如图 1-47 所示。

图 1-47　不同类别的行程开关

c. 行程开关结构

行程开关的类别不同，结构形式也不相同。直动式行程开关是由推杆、弹簧、动断触点、动合触点组成；滚轮式行程开关是由滚轮、上转臂、弹簧、套架、滑轮、压板、触点、横板组成；微动式行程开关是由推杆、弹簧、压缩弹簧、动断触点、动合触点组成。以直动式行程开关为例，其结构如图 1-48 所示。

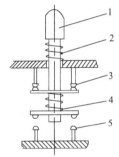

图 1-48　直动式行程开关结构
1—推杆；2—弹簧；3—常闭触头；4—触头弹簧；5—常开触头

d. 行程开关选用

（a）根据使用场合和控制对象来确定行程开关的种类。当机械运动速度不是太快时，通常选用一般用途的行程开关；而当机械行程通过的路径不宜装设直动式行程开关时，应选用凸轮轴转动式的行程开关；而在工作效率很高、对可靠性及精度要求也很高时，应选用接近开关。

（b）根据使用环境条件，选择开启式或保护式等防护形式。

（c）根据控制电路的电压和电流选择系列。

（d）根据机械的运动特征，选择行程开关的结构形式（即操作方式）。

④ 刀开关和熔断器

刀开关又称为闸刀开关或隔离开关，它是手控电器中最简单而使用广泛的一种低压电器。刀开关在电路中的作用是隔离电源和分断负载。

熔断器是在低压线路及电气设备控制电路中，用作过载和短路保护的电器。熔断器串联在线路里，当线路或电气设备发生短路或过载时，熔断器中的熔体首先熔断，使线路或电气设备脱离电源，从而起到保护作用，是一种保护电器。熔断器结构简单、价格便宜、使用和维护方便、体积小、重量轻、应用广泛等特点。

由于刀开关和熔断器的个别类型产品安全性能差，2007 年 6 月 14 日，建设部公告第 659 号《建设部关于发布建设事业"十一五"推广应用和限制禁止使用技术（第一批）的公告》宣布，在刀开关中的"石板闸刀开关，HK1、HK2、HK2P、HK8 型闸刀开关"和"瓷插式熔断器"，严禁在建筑施工现场使用。限制使用的"石板闸刀开关，HK1、HK2、HK2P、HK8 型闸刀开关"和"瓷插式熔断器"如图 1-49、图 1-50、图 1-51 所示。

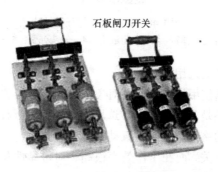

图 1-49　石板闸刀开关

图 1-50　HK 系列闸刀开关

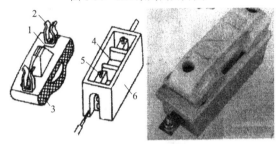

图 1-51　瓷插式熔断器系列

1—熔丝；2—动触头；3—瓷盖；4—空腔；5—静触头；6—瓷座

⑤ 倒顺开关

倒顺开关也叫顺逆开关。它的作用是连通、断开电源或负载，可以使电机正转或反转，主要是给单相、三相电动机做正反转用的电气元件，但不能作为自动化元件。

倒顺开关有三个位置，中间一个是分开位置，往一边拨动电机的运转反向与另一边反向相反，简而言之就是控制电机的正反转。几中常见的倒顺开关，如图 1-52 所示。

图 1-52　倒顺开关

倒顺开关目前主要应用在需要正、反两方向的旋转设备上，如：钢筋弯曲机、钢筋调直机、电动车、吊车、电梯、升降机等。由于倒顺开关的结构形式，即开关的手柄极易被人为误操作，造成意外的伤害事故，此种情况施工现场曾经发生了很多次。因此，钢筋弯曲机、钢筋调直机等相关机械设备上，严禁使用倒顺开关，要求使用接触器组合控制。

⑥ 万能转换开关

万能转换开关，是一种多档位、多段式、控制多回路的主令电器，当操作手柄转动时，带动开关内部的凸轮转动，从而使触点按规定顺序闭合或断开。万能转换开关，如图1-53所示。

图1-53 万能转换开关

万能转换开关派生产品有挂锁型开关和暗锁型开关（63A及以下），可用作重要设备的电源切断开关，防止误操作以及控制非授权人员的操作。

万能转换开关结构，是由操作机构、定位装置、触点、接触系统、转轴、手柄等部件组成。万能转换开关单层结构，如图1-54所示。

万能转换开关用途，主要用于各种控制线路的转换、电压表、电流表的换相测量控制、配电装置线路的转换和遥控等。万能转换开关还可以用于直接控制小容量电动机的起动、调速和换向。

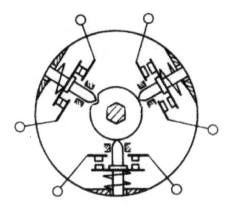

图 1-54 万能转换开关单层结构

万能转换开关特点，具有体积小、功能多、结构紧凑、选材讲究、绝缘良好、转换操作灵活、安全可靠。

万能转换开操作过程，是用手柄带动转轴和凸轮推动触头接通或断开。由于凸轮的形状不同，当手柄处在不同位置时，触头的吻合情况不同，从而达到转换电路的目的。

⑦ 电源插座（插头）

建筑施工过程中，插座（插头）是连接开关箱与手持电动工具必不可缺少的电器设备之一。插座（插头）应该具有阻燃、防水、防尘、防摔功能。

a. 插座（插头）的分类

电源插座（插头）按使用范围可分为工业与民用两类，工业类包括工程用电源插座（插头）。由于施工现场临时用电系统使用环境恶劣，应使用工程类电源插座（插头）。

工程类型电源插座（插头）可分为单相双孔、单相三孔和三相三孔以及三相四孔等，按安装部位可分为明装电源插座（插头）与暗装电源插座（插头），如图 1-55 ～图 1-57 所示。

b. 插座（插头）的选用

（a）选用的工程用电源插座（插头）必须有产品合格证和国家质量认证"CCC"标志。

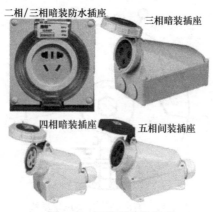

图 1-55 工程用暗装插座

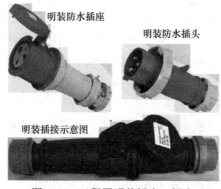

图 1-56 工程用明装插座、插头

图 1-57 暗装电源插座（插头）

（b）电源插座（插头）型号规格必须满足用电设备的电压与电流和使用环境的需要。

（c）插座（插头）必须配套使用。

（d）三孔插座应选用"品字型"结构，不应选用等边三角形排列的结构，因为后者容易发生三孔互换而造成触电。

c.插座（插头）的安装

（a）插座在配电箱中安装时，必须牢固固定在背板上。

（b）三孔或四孔插座的接地孔（较粗的一个孔），必须放在顶部位置，不可倒置；两孔插座应水平并列安装，不准垂直并列安装。

（c）插座接线要求：对于两孔插座，左孔接零线，右孔接相线；对于三孔插座，左孔接零线，右孔接相线，上孔接保护零线；对于四孔插座，上孔接保护零线，其余三孔分别接 A、B、C 三根相线。

插座（插头）安装使用，如图 1-58 所示。

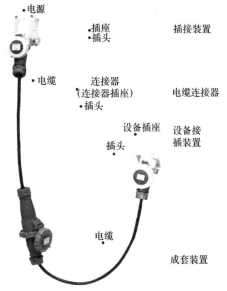

图 1-58　插座（插头）的安装使用

53

4．三相交流电动机的分类、构造、使用及其保养

（1）电动机概念

电动机，是把电能转换成机械能的一种设备。

直流电动机，工作电源是直流电的电动机。

单相电动机，工作电源是单相交流电的电动机。

三相交流电动机，工作电源是三相交流的电机。

交、直流电动机，工作电源既可以是交流电也可以是直流电的电动机。

异步电动机，是输出转速小于旋转磁场转速的电动机。

同步电动机，是输出转速等于旋转磁场转速的电动机。电动机，如图1-59所示。

图1-59　电动机

（2）三相交流电动机分类

电动机的分类方式有多种，可按工作电源分类、按结构及工作原理分类、按启动与运行方式分类、按用途分类、按转子结构分类、按运转速度分类、按防护类型分类。

在按工作电源分类中，根据电动机工作电源的不同，可分为直流电动机和交流电动机。其中交流电动机还分为单相电动机和三相交流电动机。

交流电动机又分为异步电动机和同步电动机，异步电动机又可分为单相异步电动机和三相异步电动机。其中，三相异步电动机也叫三相感应电动机，是建筑施工机械中最常用的电动机。本书中的三相交流电动机，是特指三相异步电动机。

三相交流电动机的优点是结构简单、运行可靠、使用方便、价格较低；缺点是功率因数较低、调速性能差。

（3）三相交流电动机构造

三相交流电动机的定子包括机座、铁芯、绕组和端盖等，如图 1-60 所示。

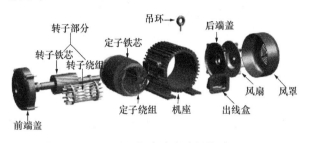

图 1-60　三相交流电动机构造

三相交流电动机内部结构主要是由定子和转子两大部分组成，转子分为笼型（以前称鼠笼式）和绕线型两种，具有笼型和绕线型转子的电动机，分别称为笼型电动机和绕线型电动机，是异步电动机的两个主要类别。

1）定子

定子是指异步电动机的静止部分，主要包括：机壳、定子铁芯、定子绕组等部件。

定子铁芯是电机磁路的一部分，由硅钢片叠压而成，片间涂以绝缘漆，以减少涡流损耗。叠片的内圆有定子槽，用来放置定子绕组。

① 机壳

机壳，它是电动机的支架，一般用铸铁或铸钢制成，如图 1-61 所示。机壳的内圆中固定着铁芯，机壳的两头端盖内固定轴承，用以支承转子。封闭式电动机机壳表面有散热片，可以把电动机运行中的热量散发出去。

② 定子铁芯

定子铁芯，是由 0.35 ～ 0.5mm 厚的圆形硅钢片叠压制成，以提供磁通的通路。铁芯内圆中有均匀分布的槽，槽中安放定子绕组，如图1-61所示。

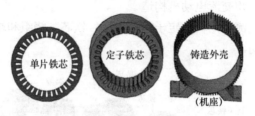

图1-61　机壳与定子铁芯

③ 定子绕组

定子绕组，是电动机的电流通道，一般由高强度聚酯漆包铜线绕成。三相异步电动机的定子绕组有3个，每个绕组有若干个线圈组成，线圈与铁芯间垫有青壳纸和聚酯薄膜作为绝缘。三相绕相的6根引出线，连接在机座外壳的接线盒中。

绕组是电动机的重要组成部分，也是电动机最容易出现故障的部分，电动机的大型修理，几乎都是绕组的修理或绕组的更换。定子绕组实物，如图1-62所示。

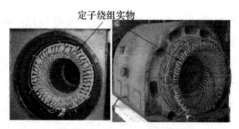

图1-62　定子绕组实物

2）转子

转子是指电动机的旋转部分，它是由转子铁芯和转子绕组构成。转子铁芯固定在转子轴上，也是电机磁路的一部分。转子结构分为笼型和绕线型两类，笼型转子较为多见，主要由转轴、转子铁芯、转子绕组等组成。

① 转轴

转轴一般用中碳钢制成，两端用轴承支撑，转子铁芯和绕组都固定在转轴上，在端盖的轴上装有风扇，帮助外壳散热。

② 转子铁芯

转子铁芯由 0.35 ～ 0.5mm 厚的硅钢片叠压制成，在硅钢片外圆上冲有若干个线槽，用以浇制转子笼条。

③ 转子绕组

将转子铁芯的线槽内浇制上铝质笼条，再在铁芯两端浇注两个圆环，与各笼条连为一体，就成为鼠笼式转子，如图1-63所示。

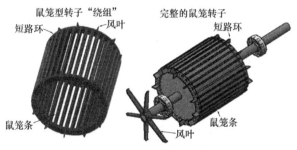

图 1-63　鼠笼型转子绕组

绕线式转子的绕组和定子绕组相似，也是由绝缘导线绕制成绕组，放在转子铁芯槽内。绕组引出线接到装在转轴上的 3 个滑环上，通过一级电刷引出与外电路变阻器相连接，以便启动电动机。绕线式转子结构，如图 1-64 所示。

图 1-64　绕线式转子

（4）三相交流电动机使用及其保养

1）三相交流电动机的型号，如图1-65所示。

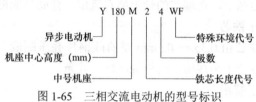

图1-65　三相交流电动机的型号标识

电动机种类代号：Y——小型三相异步电动机；

YB——防爆型；

YX——高效率型；

YR——绕线式三相异步电动机；

YZ、YZR——冶金、起重用鼠笼，绕线异步电动机。

机座代号：S、M、L——分别表示短、中、长。

特殊环境代号：W——户外型；F——防腐蚀型。

2）三相交流电动机种类的选择

① 种类的选择

鼠笼式电动机构造简单、坚固耐用，启动设备比较简单，价格较低。但它的启动电流大，启动转矩较小，转速不易调节。一般适用于100kW以下、不经常启动、不调速的机械，如一般机床、泵类、通风机、搅拌机和运输机等。

绕线式电动机启动电流小，启动转矩大，并能在小范围内调速，但结构较复杂，价格较高。适用于电源容量较小（不允许启动电流太大）、要求启动转矩大、经常启动和要求小范围调速的场合，如破碎机、起重机等。

② 结构形式的选择

电动机的结构形式有开启式、防护式、封闭式、防爆式等。

a. 开启式电动机的绕组和旋转部分没有特别的遮盖装置，通风散热良好，造价低。但只适用于干燥、清洁、没有灰尘和没有腐蚀性气体的厂房内。

b. 防护式电动机的外壳能防止铁屑、水滴等杂物落入电机内部，但又显著妨碍通风散热，适用于一般使用场合。

c. 封闭式电动机的外壳是全封闭的，散热性能较差。为改善散热条件，机壳上制有散热片，尾部外装有风扇，适用有水土飞溅、尘雾较多的工作环境。

d. 防爆式电动机具有坚硬的密封外壳，即使爆炸性气体侵入电动机内部发生爆炸。机壳也不会爆炸，从而防止了事故的扩大。适用于有爆炸性气体、粉尘的场合。

③ 电机功率的选择

电动机的功率选大了，设备不能得到充分利用，使用效率也低。选小了将造成升温过高，严重影响电动机的寿命。若工作升温高于额定温升 $6 \sim 8℃$，电动机的寿命就要减少一半（常称 $6 \sim 8℃$ 规则）。如果工作升温高于额定升温的 40%，那么电动机的使用寿命将大幅度缩短。应根据实际需要的功率来选择电动机，可根据电动机的额定功率等于实际需要功率的 $1.1 \sim 1.2$ 倍进行选择。

④ 转速的选择

当功率一定时，电动机的转速越低，其尺寸越大，成本越高。故应尽量采用高速电机（通常采用 1500r/min 的电动机），需要低转速时可配置减速器。

3）三相交流电动机的使用及其保养

① 正确选择保护电动机的低压电器，如电源开关、熔断器、热继电器等，保障电动机安全运行。

② 电动机启动之前，特别是初次使用或长时间没有使用的电动机要认真检查。检查电动机的基础是否牢靠，接线是否正确，启动设备是否完好，熔丝的选择是否恰当，各部件有无损坏、松动现象；检查绕线式电动机的电刷和滑环的接触是否良好；检查电动机及其拖动的机械转动是否灵活，电动机外露的旋转部分是否有防护罩。然后空载启动，如情况正常再负载试运行。发

生异常时要紧急停车。

③ 注意防止灰尘、油污和水滴等进入电动机，经常保持电动机的内外清洁。绕组上有油污时可用布蘸四氯化碳擦洗。

④ 注意防潮，特别是雨期使用。电动机受潮后，其绝缘性能明显降低。确定电动机是否受潮可用兆欧表测量各相之间和各相与外壳之间的绝缘电阻，一般不应低于 0.5 MΩ，否则，要进行烘干处理。

⑤ 要防止杂物堵塞电机风道，保持电机通风良好，避免电机在阳光下暴晒。

⑥ 注意对轴承的保养。对于经常运行的电机，根据使用情况每隔 3 ～ 4 个月换油一次。换油时先除去旧油，用汽油洗干净轴承并晾干，再添新油。不经常运行的电机每年换一次油。如发现轴承磨损过大要及时更新。

⑦ 对于绕线式电动机，要经常检查维护其滑环和整流子，保证它们不偏心、不摆动。表面光滑无伤痕、无烧伤，要保证电刷接触良好，运行时火花正常，电刷磨损超过 1/3 时要及时更新。

⑧ 运行中发现故障要及时分析处理，不允许电动机带病运行，不允许长时间过压、欠压和过载运行。

⑨ 修理电动机时首先要切断电源，锁上开关箱并在明显部位挂上"有人工作，请勿合闸"的标志牌。

1.3 专业技术理论

1.3.1 了解常用的用电保护系统

在中性点直接接地的低压供电系统中，国际电工委员会将电气设备的保护方式分为 IT、TT 和 TN 三类。

我国施工现场临时用电系统所采用的电力系统，通常是中性点直接接地的三相四线制的 220/380V 系统。在这个系统中，按接地系统或接零保护系统来选择有三种方式，即 TT 系统、TN-C 系统、TN-S 系统。

1. TT 系统

TT 系统是指在电源（变压器）中性点直接接地的电力系统中，电气设备的外露可导电部分，通过各自的 PE 线直接接地的保护系统（图 1-66）。

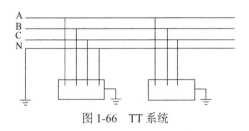

图 1-66　TT 系统

由于在 TT 系统中电力系统直接接地，用电设备通过各自的 PE 线接地，因而在发生某一相接地故障时，故障电流取决于电力系统的接地电阻和 PE 线的接地电阻，故障电流往往不足以使电力系统中的保护装置切断电源，这样故障电流就会在设备的外露可导电部分呈现危险的对地电压。如果在环境条件比较差的场所使用这种保护系统，很可能达不到漏电保护的目的。另外，TT 保护系统还需要系统中每一个用电设备都通过自己的接地装置接地，但由于施工现场用电设备较多，所以在施工现场不宜采用 TT 保护系统。

2. TN 系统

TN 系统是指在中性点直接接地的电力系统中，将电气设备的外露可导电部分直接接零的保护系统。根据中性线（工作零线）和保护线（保护零线）的配置情况，TN 系统又可分为：TN-C 系统、TN-S 系统、TN-C-S 系统。

（1）TN-C 系统

在 TN 系统中，将电气设备的外露可导电部分直接与中性线相连以实现接零，就构成了 TN-C 系统。在 TN-C 系统中，中性线（工作零线）和保护线（保护零线）是合二为一的，称为保护中性线，用符号 PEN 表示（图 1-67）。

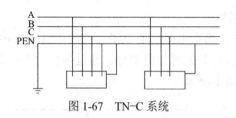

图 1-67　TN-C 系统

由图 1-67 可以看出，TN-C 系统由三根相线和一根保护中性线构成，因而又称四线制系统。由于工作零线和保护零线合并为保护中性线 PEN，当系统三相不平衡或仅有单相用电设备时，PEN 线上就流有电流，呈现对地电压，导致保护接零的所有用电设备外壳带电，带电的电压值等于故障电流在电力系统接地电阻上产生的电压降加上在保护中性线上产生的电压降，如果电力系统接地电阻足够小，还需要保护中性线的电阻足够小，才能保证接零设备外壳的对地电压不超过危险值，这就需要选择足够大截面的保护中性线以降低其电阻值。这样设置不仅不经济，而且也不能保证外壳的对地电压不超过安全电压。况且在施工现场因为操作环境条件的恶劣或其他原因，还有可能使保护中性线断线，造成断线点后的接零设备的外壳都将呈现危险的对地电压。因此在施工现场不得采用 TN-C 系统。

（2）TN-S 系统

TN-S 系统，是指工作零线与保护零线分开设置的接零保护系统。

在 TN-S 系统中，从电源中性点起设置一根专用保护零线，使工作零线和保护零线分开设置，电气设备的外露可导电部分直接与保护零线相连以实现接零，这样就构成了 TN-S 系统（图 1-68）。

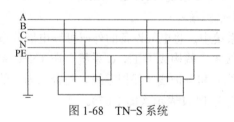

图 1-68　TN-S 系统

TN-S 系统由三根相线 A、B、C、一根工作零线 N 和一根保护零线 PE 构成，所以又称为五线制系统。在 TN-S 系统中，用电设备的外露可导电部分接到 PE 线上，由于 PE 线和 N 线分别设置，在正常工作时即使出现三相不平衡的情况或仅有单相用电设备，PE 线上也不呈现电流，因此设备的外露可导电部分也不呈现对地电压。同时因仅有电力系统一点接地，在出现漏电事故时也容易切断电源，因而 TN-S 系统既没有 TT 系统那种不容易切断故障电流，每台设备需分别设置接地装置等的缺陷，也没有 TN-C 系统的接零设备外壳容易呈现对地电压的缺陷，安全可靠性高，适合在恶劣环境条件下使用。因此《施工现场临时用电安全技术规范》JGJ 46—2005 中规定：在施工现场专用的中性点直接接地的电力线路中必须采用 TN-S 接零系统。

（3）TN-C-S 系统

在 TN-C 系统的末端将保护中性线 PEN 线分为工作零线 N 和保护零线 PE，即构成了 TN-C-S 系统（图 1-69）。

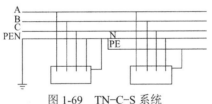

图 1-69　TN-C-S 系统

采用 TN-C-S 系统时，如果保护中性线从某一点分为保护零线和工作零线后，就不允许再相互合并。而且在使用中，不允许将具有保护零线和工作零线两种功能的保护中性线切断，只有在切断相线的情况下才能切断保护中性线，同时保护中性线上不得装设漏电保护器。

（4）常用的用电保护系统特点

结合对 TT 系统、TN-C 系统、TN-S 系统的讲述，可以得出常用的用电保护系统特点：就是通过中性点单独的接地装置，作为独立的保护系统。

1.3.2　掌握施工现场临时用电 TN-S 系统

在施工现场的外电供电系统中，现在普遍是中性点直接接地的三相四线制系统。根据《施工现场临时用电安全技术规范》JGJ 46—2005 规定，"建筑施工现场临时用电工程专用的电源中性点直接接地的 220/380V 三相四线低压电力系统，必须采用 TN-S 接零保护系统"。由于 TN-S 系统克服了 TT 系统、TN-C 系统的缺陷，所以它在建筑施工现场电力系统中起着不可替代的保护作用。

1．接零保护

（1）TN-S 接零保护系统的做法

在施工现场专用变压器供电的 TN-S 接零保护系统中，电气设备的金属外壳必须与保护零线连接。保护零线应由工作接地线、配电室（总配电箱）电源侧零线或总漏电保护器电源侧零线处引出，如图 1-70 所示。

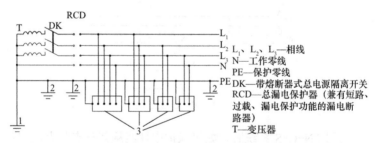

图 1-70　专用变压器供电时 TN-S 接零保护系统示意图
1—工作接地；2—重复接地；3—电气设备金属外壳

（2）对 TN-S 接零保护系统的要求

当施工现场与外电线路共用同一供电系统时，电气设备的接地、接零保护应与原系统保持一致。不得一部分设备做保护接零，另一部分设备做保护接地。

采用 TN 系统做保护接零时，工作零线（N 线）必须通过总漏电保护器，保护零线（PE 线）必须由电源进线零线重复接地处或总漏电器电源侧零线处，引出形成局部 TN-S 接零保护系统，如图 1-71 所示。通过总漏电保护器的工作零线与保护零线之间不得再做电气连接。

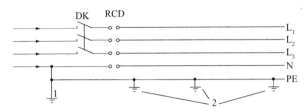

图 1-71　TN-S 接零保护系统保护零线引出示意图
1—NPE 线重复接地；2—PE 线重复接地

（3）重复接地的有关要求

施工现场供配电系统保护零线（PE 线）的重复接地的数量不少于 3 处，分别设置于配电系统的首端、中间、末端。重复接地连接线应选用绿/黄双色多股软铜线，其截面不小于相线截面的 50%，且不小于 2.5mm²。重复接地连接线应与配电箱、开关箱内的（PE 线）端子板连接，设置重复接地的部位可选择：

1）总配电室处；

2）各分路分配电箱处；

3）各分路最远端用电设备开关箱处；

4）塔式起重机、施工升降机、物料提升机、混凝土搅拌站等大型施工机械开关箱处。

（4）重复接地的作用

1）降低设备漏电对地电压。

2）降低三相不平衡时零线上出现的电压。

3）当零线发生断线时，减轻事故的危害性。

（5）重复接地做法

施工现场外电供电方采用的是三相四线制供电，并且外电供电方的配电室控制柜内有漏电保护器，如果从施工现场配电室总配电箱电源侧零线或总漏电保护器电源侧零线处引出保护零线

（PE 线），如图 1-72 所示，外电供电方配电室内漏电保护器就会跳闸。

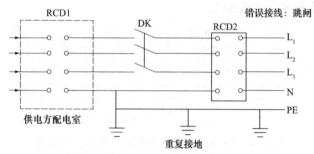

图 1-72　从总漏电保护器电源侧零线处引出保护零线示意图
DK—总电源隔离开关；RCD1—供电方配电室内总漏电保护器；
RCD2—施工现场总漏电保护器

　　还有的建筑电工从施工现场配电室（总配电箱）处的重复接地装置引出 PE 线，如图 1-73 所示，这种做法的施工现场临时用电系统仍属于 TT 系统，不规范。

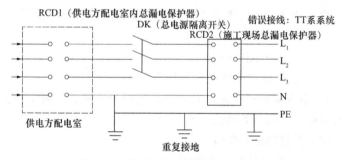

图 1-73　从重复接地引出 PE 线示意图

　　正确的方法是从外电供电方线路中配电室的控制柜电源侧零线上引出 PE 线，如图 1-74 所示。

　　（6）PE 线截面与相线截面

　　在实际应用中，当相线截面不大于 16mm² 时，保护零线与相线直径相等；当相线截面为 16 ～ 35mm² 时，PE 线最小截面为

16mm^2；当相线截面大于 35mm^2 时，PE 线取相线截面的 50%。单项线路，保护零线与相线相同。与电动机外壳连接的 PE 线应为截面不小于 2.5mm^2 的绝缘多股铜线。手持式电动工具的 PE 线应为截面不小于 1.5mm^2 的绝缘多股铜线。

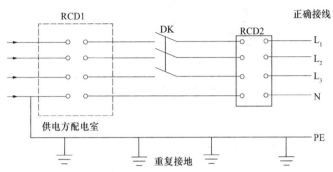

图 1-74　从供电方配电室控制柜电源侧零线上引出 PE 线示意图
DK—总电源隔离开关；RCD1—供电方配电室内总漏电保护器；
RCD2—施工现场总漏电保护器

PE 线所用材质与相线、工作零线（N 线）相同时，其最小截面应符合表 1-2 的规定。

PE 线截面与相线截面的关系　　　　　　　　　表 1-2

相线芯线截面 S（mm^2）	PE 线最小截面（mm^2）
$S \leqslant 16$	S
$16 < S \leqslant 35$	16
$S > 35$	$S/2$

（7）电源线的颜色

相线、N 线、PE 线的颜色标记必须符合以下规定：相线 L$_1$（A）、L$_2$（B）、L$_3$（C）相序的绝缘颜色依次为黄、绿、红色；N 线的绝缘颜色为淡蓝色；PE 线的绝缘颜色为绿/黄双色。任何情况下上述颜色标记严禁混用和互相代用，如图 1-75 所示。

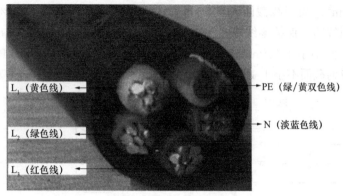

图 1-75　电源线的颜色

2．接地装置与接地电阻

接地体和接地线焊接在一起，称为接地装置。

（1）接地体

1）自然接地体

自然接地体是指原已埋入地下并可兼作接地用的金属物体。例如，原已埋入地下的直接与地接触的钢筋混凝土基础中的钢筋结构、金属井管、非燃气金属管道、铠装电缆（铅包电缆除外）的金属外皮等，均可作为自然接地体。

2）人工接地体

人工接地体是指人为埋入地中直接与地接触的金属物体，即人工埋入地中的接地体。用作人工接地体的金属材料通常可以采用圆钢、钢管、角钢、扁钢及其焊接件，但不得采用螺纹钢和铝材。

（2）接地线

接地线可以分为自然接地线和人工接地线。

1）自然接地线

自然接地线是指设备本身原已具备的接地线。如钢筋混凝土构件的钢筋、穿线钢管、铠装电缆（铅包电缆除外）的金属外皮等。自然接地线可用于一般场所各种接地的接地线，但在有爆炸危险的场所只能用作辅助接地线。自然接地线各部分之间应保证电气连接，严禁采用不能保证可靠电气连接的水管和既不能保证电气连接又有引起爆炸危险的燃气管道作为自然接地线。

2）人工接地线

人工接地线是指人为设置的接地线。人工接地线一般可采用圆钢、钢管、角钢、扁钢等钢质材料，但接地线直接与电气设备相连的部分以及采用钢质材料接地线有困难时，应采用绝缘铜线。

（3）接地装置的敷设

1）对接地装置敷设的一般要求

① 应充分利用自然接地体。当无自然接地体可利用，或自然接地体电阻不符合要求，或自然接地体运行中各部分连接不可靠，或有爆炸危险场所，则敷设人工接地体。

② 应尽量利用自然接地线。当无自然接地线可利用，或自然接地线不符合要求，或自然接地线运行中各部分连接不可靠，或有爆炸危险场所，则需要敷设人工接地线。

③ 水平接地体一般用于竣工后的环绕建筑四周的联合接地，所以建筑施工现场临时用电系统宜采用垂直敷设的人工接地体。

2）接地装置敷设的方法

① 接地体的加工

接地体应就地取材，使用 ϕ48mm 壁厚 3.6mm 的钢管。为了方便将钢管垂直打入地下，钢管前端应加工成尖头形状，如图1-76 所示。

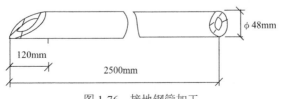

图 1-76　接地钢管加工

② 挖地沟

应按施工现场临时用电组织设计，在设置接地体的位置挖掘深为 0.8m、宽为 0.5m 的地沟。地沟上部稍宽，底部渐窄，并清除沟底的石子，如图 1-78（a）所示。

③ 安装要求

a. 接地体顶端应在地沟底部之上 15～20cm（沟深 0.8m）时，接地体最高点应距地面 0.6m，如图 1-77（a）所示。

b. 如图 1-77（b）所示，人工接地体长度应为 2.5m，接地体相互间距不宜小于其长度的 2 倍，顶端埋深一般为 0.8m。

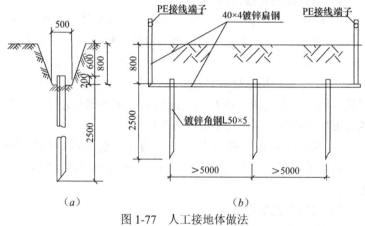

图 1-77　人工接地体做法
（a）垂直接地体；（b）接地体的埋设

c. 三根接地体之间，一般使用扁钢或圆钢采用搭接焊接的方法进行可靠连接，焊接长度规定如下：

（a）扁钢宽度的 2 倍（且至少有三个棱边焊接）；

（b）圆钢直径的 6 倍；

（c）圆钢与扁钢连接时，为了连接可靠，除应在其接触部位的两侧进行焊接外，还应焊接由钢带弯成的弧形卡子或直角形卡子，或直接由钢带本身变成弧形（或直角形）与钢管（或角钢）焊接，如图 1-78 所示。

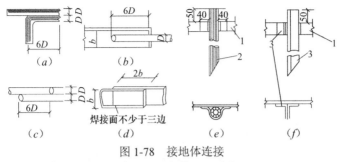

图 1-78　接地体连接

1—扁钢；2—钢管；3—角钢

（a）圆钢直角搭接；（b）圆钢与扁钢搭接；（c）圆钢直线搭接；
（d）扁钢与扁钢搭接；（e）垂直接地体为钢管与水平接地体扁钢连接；
（f）垂直接地体为角钢与水平接地体扁钢连接（D为直径）

d. 接地线可用扁钢或圆钢。接地线应引出地面，在扁钢上端打孔或在圆钢上焊钢板打孔用螺栓加垫与保护零线（或保护零线引下线）连接牢固，要注意除锈，保证电气连接。

e. 接地装置的设置，应避开其他地下管路、电缆等，与电缆及管道等交叉时相距不小于 10cm，与电缆及管道平行时相距不小于 35cm。

f. 敷设接地时，接地体应与地面保持垂直。如果泥土很干很硬，可浇一些水使其疏松，以便打入。

g. 垂直接地体连接完成并确认焊接焊缝合格后，应对地沟进行回填并夯实；回填土中严禁有建筑垃圾等杂物。

h. 利用自然接地体和外引接地装置时，应使用导体（不少于两根）在不同地点与人工接地体连接，但对电力线路除外。

总配电室部位重复接地的设置方法，如图 1-79 所示。

3）人工接地体和人工接地线的规格

人工接地体和人工接地线的最小规格分别见表 1-3 和表 1-4。

（4）TN-S 系统的特点

1）系统正常运行时，专用保护线上没有电流，PE 线对地没有电压。

2）专用保护线 PE 不许断线，也不许进入漏电开关。

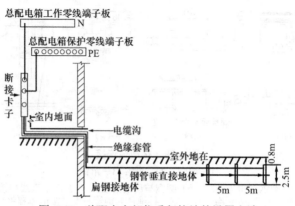

图 1-79 总配电室部位重复接地的设置方法

人工接地体最小规格　　　　　表 1-3

材料名称	规格项目	最小规格
圆钢	直径（mm）	14
钢管	壁厚（mm）	3.5
角铁	板厚（mm）	4
扁钢	截面（mm²）	48
	板厚（mm）	6

人工接地线最小规格　　　　　表 1-4

材料名称	规格项目	地上敷设		地下敷设
		室内	室外	
圆钢	直径（mm）	5	6	8
钢管	壁厚（mm）	2.5	2.5	3.5
角铁	板厚（mm）	2	2.5	4
扁钢	截面（mm²）	24	48	48
	板厚（mm）	3	4	8
绝缘铜线			1.5	

注：敷设在腐蚀性较强的场所或土壤电阻率 $\rho \leqslant 100\Omega \cdot m$ 的潮湿土壤中
　　的接地体应适当加大规格或热镀锌。

3）PE 线有重复接地，但是不经过漏电保护器。

4）TN-S 方式供电系统安全可靠，适用于工业与民用建筑等低压供电系统。

1.3.3 了解施工现场常用的机械设备

1. 电动建筑机械

（1）起重机械

起重机械主要有塔式起重机、施工升降机、物料提升机和高处作业吊篮等。

1）塔式起重机

塔式起重机由金属结构、工作机构和电气系统三部分组成。金属结构包括塔身、动臂和底座等。工作机构有起升、变幅、回转和行走四部分。电气系统包括电动机、控制器、配电柜、连接线路、信号及照明装置等。

① 塔式起重机的电气使用要求

a. 塔式起重机的机体必须做防雷接地，同时必须与配电系统 PE 线相连接。所连接的 PE 线必须同时做重复接地；防雷接地和重复接地可共用同一接地体，但接地电阻应符合重复接地电阻值的要求。

b. 轨道式塔式起重机的防雷接地可以借助于机轮和轨道的连接，但应附加以下要求：

（a）轨道两端各设一组接地装置；

（b）轨道的连接处做电气连接，两轨道端部做环形电气连接；

（c）较长轨道每隔不大于 30m 设置一组接地装置。

c. 塔式起重机与架空线路的安全距离或防护措施，应符合《施工现场临时用电安全技术规范》JGJ 46—2005 的有关规定。

d. 轨道式塔式起重机应配置自动卷线器收放配备电缆，不得使电缆随机拖地行走。

e. 为适合夜间操作，塔式起重机应设置正对工作面的投光灯；当塔身高于 30m 时，还应在其塔顶和臂架端部设置红色信号灯。

　　f. 塔式起重机使用的电缆应符合出厂说明书要求。

　　g. 塔式起重机在强电磁波源附近作业时，为防止强电磁辐射在机身感应电压对指挥司索工构成的潜在触电危害，应在吊钩与被吊物之间采取绝缘隔离措施，指挥司索工应戴绝缘手套、穿绝缘鞋。挂装吊物时，可在吊钩上挂接临时接地装置。

　　② 塔式起重机的工作原理

　　简单地说就是由电动机带动起升卷扬机进行升降运行；水平旋转时，由电动机带动旋转机构进行左右旋转；前后行走时，电动机带动行程卷扬机运行；需要停止各项相关动作时，使用刹车装置进行制动。因为相关运行机构各自使用独立的电动机，所以各种相关动作可通过操作系统同时进行。

　　2）施工升降机

　　施工升降机是由轿厢、驱动机构、标准节、附墙、底盘、围栏、电气系统等几部分组成，是建筑施工中经常使用的载人载货施工机械。

　　① 施工升降机的电气使用要求

　　a. 吊笼内、外均应安装紧急停止开关。

　　b. 导轨上、下极限位置均应设置限位开关。

　　c. 每日运行前进行空载试车时，应检查行程开关、限位开关、紧急停止开关、驱动机构、制动器机构的电气装置。

　　② 施工升降机的工作原理

　　简单地说就是主要承载结构自成体系，采用强制驱动，在吊笼上安装有驱动装置，通过齿轮和齿条传动系统，二者相互配合，从而实现升降机的上升或下降。

　　3）物料提升机

　　物料提升机是一种固定装置的机械输送设备，主要适用于粉状、颗粒状及小块物料的连续垂直提升，设置了断绳保护安全装置、停靠安全装置、缓冲装置、上下高度限位器、防松绳装置等安全保护装置。

① 物料提升机的电气使用要求

a. 电动机正反转应借助于接触器用按钮控制，不得采用手动倒顺开关控制。

b. 电动机基座与 PE 线的连接必须可靠。

c. 提升机上、下极限位置应设置限位开关。

d. 每日运行前进行空载试车时，应检查电动机正、反向运行控制，行程、限位开关，制动器、变速器等机构的电气装置。

② 物料提升机的工作原理

简单地说就是电动机通过组合机械传动机构，控制运行机构，使物料提升机上升或下降。

4）高处作业吊篮

高处作业吊篮一般由悬吊平台、提升机构、悬挂机构、安全锁、钢丝绳、绳坠器、警示标志等部件及配件组成。

① 高处作业吊篮的电气使用要求

a. 电气控制系统供电应采用三相五线制。

b. 吊篮的电气系统应做接零保护，其接地电阻值不应大于 4Ω，在接地装置处应有接地标志。电气控制部分应有防水、防振、防尘措施。其元件应排列整齐，连接牢固，绝缘可靠，电控柜门应装锁。

c. 控制用按钮开关动作应准确可靠，其外露部分由绝缘材料制成，应能承受 50Hz 正弦波形、1250V 电压时为 1min 的耐压试验。

d. 带电零件与机体间的绝缘电阻不应低于 2MΩ。

e. 电气系统必须设置过热、短路和漏电保护等装置。

f. 悬吊平台上必须设置紧急状态下切断主电源回路的急停按钮，该电路独立于各控制电路。急停按钮为红色，有明显的"急停"标记，按钮应为非自动复位型。

g. 电气控制箱按钮应动作可靠，标识清晰、准确。

h. 应采取防止随行电缆碰撞建筑物、过度拉紧或其他可能导致损坏的措施。

② 高处作业吊篮的工作原理

简单地说就是通过电机带动卷筒收起或释放钢丝绳，使悬吊平台得以升降。

（2）桩工机械

桩工机械是进行桩基础工程施工的各种机械设备的总称。建筑施工中经常使用的桩工机械主要分为打桩机和钻孔机。

潜水式工程钻孔机，由潜水钻主机、钻架、卷扬机、配电箱及电缆卷筒等组成，配以泥浆泵、空压机（或高压水泵、砂石泵）等护壁、排渣系统即可钻孔。

1）潜水式钻孔机的电气使用要求

① 潜水式钻孔机电机的密封性能，应符合现行国家标准《外壳防护等级（IP 代码）》GB/T 4208—2017 中的 IP68 级规定。

IP68 级为最高级防止固体异物进入（尘密）和防止连续浸水时进水造成有害影响的防护，以适应钻孔机浸水的工作条件，使电机不因浸水而漏电。

② 潜水式钻孔机的漏电保护要符合配电系统关于潮湿场所漏电保护的要求。

③ 潜水式钻孔机的电机和潜水电机在使用前后均应检查其绝缘电阻（应大于 0.5MΩ），不符合要求时严禁继续使用。

④ 潜水电机的负荷线应采用防水橡皮护套铜芯软电缆，电缆护套不得有裂纹和破损。

⑤ 潜水电机负荷线的长度不应小于 1.5m，不得有接头。

⑥ 潜水电机使用过程中不得带电移动。

⑦ 潜水电机入水、出水和移动时，不得拽拉负荷电缆，任何情况负荷线电缆不得承受外力。

2）钻机的工作原理

简单地说就是潜水动力装置由潜水电机通过减速器将动力传至输出轴，带动钻头切削岩土，工作时动力装置潜入孔底直接驱动钻头回转切削，钻杆起到连接传递抗扭输送泥浆的作用。采用输送泵反循环或正循环方式将钻渣从孔内通过胶管或钻杆排出孔外。

（3）夯土机械

夯土机械，是指利用冲击和冲击振动作用，分层夯实回填土的压实机械。分火力夯、蛙式夯和快速冲击夯等。

1）夯土机械的电气使用要求

① 夯土机械的金属外壳与 PE 线的连接点不得少于两处，其漏电保护必须适应潮湿场所的要求。

② 夯土机械的负荷线应采用耐气候型橡皮护套铜芯软电缆。

③ 操作扶手必须绝缘，使用者必须按规定穿戴绝缘防护用品。

④ 使用时应有人调整电缆，且电缆长度不应大于 50m，使用过程严禁电缆缠绕、扭结和被机体跨越，电缆不得破损。

⑤ 多台夯土机械并列工作时，其平行间距不得小于 5m，前后间距不得小于 l0m。

2）夯土机械的工作原理

简单地说蛙式夯是由夯锤、夯架、偏心块、皮带轮和电动机等组成，利用偏心块旋转离心力作用的惯性力进行工作；冲击夯是由电动机经减速器和曲柄连杆机构带动夯锤做快速冲击运动而进行工作。

（4）混凝土搅拌机

混凝土搅拌机是把水泥、砂石骨料和水混合并拌制成混凝土混合料的机械。主要由搅拌筒、加料和卸料机构、供水系统、原动机、传动机构、机架和支承装置等组成。按工作性质分间歇式（分批式）和连续式；按搅拌原理分自落式和强制式；按安装方式分固定式和移动式；按出料方式分倾翻式和非倾翻式；按搅拌筒结构形式分离式、鼓筒式、双锥式、圆盘立轴式和圆槽卧轴式等。

1）混凝土搅拌机的电气使用要求

① 混凝土机械电机的金属外壳或基座与 PE 线的连接必须可靠，连接点不得小于两处。

② 混凝土机械的负荷线必须采用耐气候型橡皮护套铜芯软电缆，并且不得有任何破损和接头。

③ 混凝土机械的漏电保护，视工作场所环境条件不同可分成两类：施工现场的混凝土搅拌机可按一般场所对待，各种振动器按潮湿场所对待。

④ 对混凝土搅拌机进行清理、检查、维修时，必须首先将其开关箱分闸断电，隔离开关呈现明显可见的电源分断点，并将开关箱关门上锁。严禁在其开关箱未断电的情况下进行清理、检查、维修。

2）混凝土搅拌机的工作原理

简单地说就是电能驱动电动机带动系列传动机构装置来完成搅拌工作。

（5）钢筋与木工加工机械

1）钢筋加工机械

钢筋加工机械种类繁多，按其加工工艺可分宜强化、成形、焊接、预应力等四类：

① 钢筋强化机械：主要包括钢筋冷拉机、钢筋冷拔机、钢筋冷轧机、冷轧带肋钢筋成型机等。其加工原理是通过对钢筋施以超过其屈服点的力，使钢筋产生不同形式的变形，从而提高钢筋的强度和硬度，减少塑性变形。

② 钢筋成型机械：钢筋调直机、钢筋切断机、钢筋弯曲机等。它们的作用是把原料钢筋，按各种混凝土结构所需钢筋骨架的要求加工成形。

③ 钢筋焊接机械：主要有钢筋焊接机、钢筋点焊机、钢筋网片成形机、钢筋电渣压力焊机等，用于钢筋成形中的焊接。

④ 钢筋预应力机械：主要有电动油泵和千斤顶等组成的拉伸机和镦头机，用于钢筋预应力张拉作业。

2）木工加工机械

建筑施工现场常用木工加工机械主要有平刨、压刨、圆盘锯。

3）钢筋与木工加工机械的电气使用要求

① 钢筋与木工机械的金属基座必须与 PE 线做可靠的电气连接。

② 钢筋与木工机械的漏电保护可按一般场所要求对待。

③ 钢筋与木工机械的负荷线必须采用耐气候型橡皮护套铜芯软电缆，不得有任何破损和接头。

④ 钢筋与木工机械周围的废料要及时清理，不得堆集。

⑤ 钢筋与木工机械的电机、负荷线和控制器要注意防雨、防雪、防风沙、防强日光照晒。

⑥ 对钢筋与木工机械进行清理、检查、维修时，必须首先将其开关箱分闸断电，隔离开关呈现明显可见分断点，并将开关箱门上锁。

4）钢筋与木工加工机械的工作原理

简单地说就是电能驱动电动机通过组合的系列传动机构装置来完成加工工作。

（6）焊接机械

建筑施工现场进行焊接作业时，主要使用交流焊机。设备安装，宜使用直流焊机，主要有氩弧焊机、脉冲焊机、方波焊机、埋弧焊机等。

交流电焊机实质上是一种特殊的降压变压器。将220V或380V交流电变为低压的交流电，交流电焊机既是输出电源种类为交流电源的电焊机。焊接变压器有自身的特点，就是在焊条引燃后电压急剧下降的特性。

1）焊接机械的电气使用要求

① 焊接机械的金属外壳必须与PE线做可靠的电气连接。

② 电焊机械应放在防雨、干燥和通风良好的地方。

③ 交流弧焊机变压器的一次侧电源线长度不应大于5m，其电源进线处必须设置防护罩，进线端不得裸露。

④ 发电机式直流电焊机的换向器要经常检查、清理、维修，以防止可能产生的异常电火花。

⑤ 交流电焊机除应设置一次侧漏电保护以外，还应安装防二次触电保护器。

⑥ 电焊机械的二次线应采用防水橡皮护套铜芯软电缆，电缆长度不应大于30m，其护套不得破裂，其接头必须绝缘、防水

包扎完好，不应有裸露带电部分。

电焊机械的二次线的地线不得用金属构件或结构钢筋代替。

⑦ 使用电焊机械焊接时必须穿戴防护用品，严禁露天冒雨从事电焊作业。

2）焊接机械的工作原理

普通电焊机的工作原理和变压器相似，是一个降压变压器。在次级线圈的两端是被焊接工件和焊条，电流引燃电弧，电弧高温产生的热源将工件的缝隙和焊条熔接。

（7）其他电动机械

其他电动机械主要是指地面抹光机、水磨石机、水泵和盾构机械等。它们安全使用的共同特点是按潮湿场所条件设置漏电保护，不同点有两个：

1）地面抹光机、水磨石机和盾构机械因其工作的移动性和振动性，其电机金属基座与 PE 线的连接点不少于两点。

水泵电机的金属基座与 PE 线的连接点可以是一点。

2）地面抹光机、水磨石机和盾构机械的负荷线，必须采用耐气候型橡皮护套铜芯软电缆，并不得有破损和接头。

水泵负荷线必须采用防水橡皮护套铜芯软电缆，严禁有破损和接头，并不得承受外力。

2．手持式电动工具

（1）手持式电动工具的分类

手持式电动工具按其绝缘和防触电性能可分为三类，即Ⅰ类工具、Ⅱ类工具、Ⅲ类工具。

1）Ⅰ类工具

所谓Ⅰ类工具是指工具的防触电保护不仅依靠其基本绝缘，而且还包括一个保护接零或接地措施，使暴露可导电部分在基本绝缘损坏时不能变成带电体。

2）Ⅱ类工具

所谓Ⅱ类工具是指工具的防触电保护不仅依靠其基本绝缘，而且还包括附加的双重绝缘或加强绝缘，不提供保护接零或接地或不依赖设备条件，外壳具有"回"标志。

Ⅱ类工具又分为绝缘材料外壳Ⅱ类工具和金属材料外壳Ⅱ类工具两种。

3）Ⅲ类工具

所谓Ⅲ类工具是指工具的防触保护依靠安全特低电压供电，工具中不产生高于安全特低电压的电压。

安全特低电压通常是指36V及以下的电压。

手持特低电压通常是指36V及以下的电压。

手持式Ⅰ类电动工具、Ⅱ类电动工具、Ⅲ类电动工具的绝缘电阻限值见表1-5。

手持式电动工具绝缘电阻限值 表1-5

测量部位	绝缘电阻（MΩ）		
	Ⅰ类	Ⅱ类	Ⅲ类
带电零件与外壳之间	2	7	1

注：绝缘电阻用500V兆欧表测量。

（2）手持式电动工具的使用

1）使用场所的要求

手持式电动工具的使用场所要与所选用的工具类别相适应。

① 在一般场所（空气湿度应小于75%）可选用Ⅰ类或Ⅱ类手持式电动工具，但其金属外壳与PE线的连接点不应少于两处，漏电保护器应符合潮湿场所对漏电保护的要求。

② 在潮湿场所或金属构架上操作时，必须选用Ⅱ类或由安全隔离变压器供电的Ⅲ类手持式电动工具，严禁使用Ⅰ类手持式电动工具。

使用金属外壳Ⅱ类手持式电动工具时，其金属外壳可与PE线相连接，并设漏电保护，以强化其安全保护。

③ 在狭窄场所（地沟、管道内）作业时，必须选用由安全隔离变压器供电的Ⅲ类手持式电动工具。

2）开关箱和控制箱设置的要求

除一般场所外，在潮湿场所、金属构架上及狭窄场所使用Ⅱ、Ⅲ类手持式电动工具时，其开关箱和控制箱应设在作业场所以外，并安排专人监护。

3）负荷线选择的要求

手持式电动工具的负荷线应采用耐气候变化类型的橡皮护套铜芯软电缆，并且不得有接头。

4）检查要求

手持式电动工具的外壳、手柄、插头、开关、负荷线必须完好无损，插头和电源插座在结构上必须一致，避免误将导电触头和保护触头混用。使用前必须作绝缘检查和空载检查，在绝缘合格、空载运转正常后方可使用。

5）自我保护的要求

使用手持式电动工具时，必须按规定穿戴绝缘防护用品。

6）意外情况处理要求

手持式电动工具使用过程出现外壳高温、电缆破皮及掉落水中等情况时，必须立即切断电源后进行处理。严禁徒手打捞带电掉落水中的手持式电动工具。

1.3.4 熟悉施工现场临时用电组织设计的主要内容

根据《施工现场临时用电安全技术规范》JGJ 46—2005 的规定："施工现场临时用电设备在 5 台及以上或设备总量在 50kW 及以上时，应编制用电组织设计。"

编制临时用电施工组织设计的目的，一是使施工现场临时用电工程的设置有科学依据，二是临时用电施工组织设计作为临时用电工程的主要技术资料，有助于加强对临时用电工程的技术管理，从而进一步保障使用过程中的安全性和可靠性。因此，临时用电施工组织设计的编制是临时用电工程的基础性工作。

临时用电施工组织设计的任务，是为建筑施工现场设计一个完备的临时用电工程，制定一套安全用电技术措施和电气防火措施，同时还要满足安全、方便、适用、经济的需要。

1. 施工现场临时用电组织设计的编制、审核、批准要求

根据《施工现场临时用电安全技术规范》JGJ 46—2005 第3.1.4 条规定:"**临时用电组织设计及变更时,必须履行'编制、审核、批准'程序,由电气工程技术人员组织编制,经相关部门审核及具有法人资格企业的技术负责人批准后实施。变更用电组织设计时应补充有关图纸资料。**"结合 2018 年 6 月 1 日施行的中华人民共和国住房城乡建设部《危险性较大的分部分项工程安全管理规定》(住建部令第 37 号)第十一条规定:"专项施工方案应当由施工单位技术负责人审核签字、加盖单位公章,并由总监理工程师审查签字、加盖执业印章后方可实施。"

强制性条文的规定,进一步明确了对施工现场临时用电组织设计的"编制、审核、批准"的具体要求:一是施工现场临时用电工程的实施,必须有临时用电组织设计,否则不能组织施工;二是由于临时用电工程的专业技术特点,决定了临时用电组织设计的设计及变更工作,必须由电气工程技术人员负责;三是对于临时用电组织设计的审核工作,应该由建筑工程项目总承包单位的安全、技术、设备、生产、材料部门负责审核;四是经过审核的临时用电组织设计应由建筑工程项目总承包单位的总工程师批准,再报工程项目监理单位的总监理工程师审查;五是经过变更的临时用的组织设计,要补充有关变更后的图纸资料;六是变更的临时用电组织设计也必须履行"编制、审核、批准"程序。

2. 施工现场临时用电组织设计的主要内容

根据《施工现场临时用电安全技术规范》JGJ 46—2005 的规定,临时用电组织设计主要包括以下内容:

(1)现场勘测

现场勘测,是为了编制临时用电组织设计进行第一步调研工作。现场勘测也可以和建筑施工组织设计的现场勘测工作同时进行,或直接使用其勘测的资料。如在编制中发现遗漏的勘测资料,应重新勘测补齐资料。

现场勘测主要是根据在建工程施工现场地形、地貌及在建

主体的位置，详细查看、了解施工现场周围的电源情况（包括架空线路或地下输电电缆）、通信电缆或其他地下管线、地下基础、井、沟、洞，以及施工现场人行、车行道路等情况；了解施工地区的雷暴日情况，土壤的电阻率和土壤的土质是否具有腐蚀性情况等。

（2）确定电源进线、配电室、配电装置、用电设备位置及线路走向。

1）根据电源的实际情况和当地供电部门的意见，确定电源进线的路线及敷设方式，是架空线路还是埋设电缆线。进线尽量选择现场用电负荷的中心或临时线路的中央。

2）确定配电室位置时，应考虑变压器与其他电气设备的安装、拆卸的搬运通道问题，进线与出线应方便无障碍。尽量远离施工现场振动场所及周围有爆炸、易燃物品、腐蚀性气体的场所。地势选择不要设在低洼区和可能积水处。

3）配电室、分配电箱在设置时要靠近电源的地方，分配电箱应设置在用电设备或负荷相对集中的地方。

4）线路走向设计时，应根据现场设备的布置、施工现场车辆、人员的流动、物料的堆放以及地下情况来确定线路的走向与敷设方法。一般线路设计应尽量考虑架设在道路的一侧，不妨碍现场道路通畅和其他施工机械的运行、装拆与运输。同时又要考虑与建筑物和构筑物、起重机械、构架保持一定的安全距离和防护问题。采用地下埋设电缆的方式，应考虑地下情况，同时做好过路保护及从地下引出部位的安全防护措施。

（3）负荷计算

负荷计算主要是根据现场用电情况计算用电设备、用电设备组以及供电电源的变压器或发电机的计算负荷。

计算负荷将作为选择供电变压器或发电机、导线截面、配电装置和电器的主要依据。

现场用电设备的总用电负荷计算，可以依照总用电负荷来选择总开关、主干线的规格，通过对分路电流的计算，确定分路导线的型号、规格和分配电箱的设置的个数。总之负荷计算要将配电室、总配电箱、分配电箱及配电线路、接地装置的设计结合起来计算。

（4）选择变压器

变压器的选择是根据用电的计算负荷来确定其容量。而当用电设备容量在250kW或选择变压器容量在160kVA以下的，一般情况供电部门不会以高压方式供电。这是"全国供用电规则"的规定，也就是说外电供给的变压器不需要选择。对于施工现场需要安全电压而配备的降压变压器，可根据使用环境、使用功率进行选择。

（5）设计配电系统

1）设计配电线路，选择导线或电缆

主要是选择和确定线路走向、配线方式（架空线路或埋地电缆等）、敷设要求、导线排列；选择和确定配线型号、规格；选择和确定其周围的防护设施等。

从外电线路引入施工现场配电室的线路设计要与外电变电站设计相衔接，从施工现场配电室引出至现场各配电箱的线路，要与配电箱的设计相衔接，尤其要与配电系统的基本保护方式（TN-S保护系统）相结合，统筹考虑零线的敷设和接地装置的敷设。

2）设计配电装置，选择电器

配电屏是最常用的配电装置，应根据计算负荷选择相应的电器，以满足施工现场用电的需要。

目前，施工现场临时用电系统中的配电装置，是由具有相应生产资质的生产厂家，生产的符合国家"CCC"质量要求的集成化产品，如总配电箱、分配电箱和开关箱中包括了相应的电器，而且是按照相应的国家标准或行业标准生产的合格产品。因此，购置的配电装置原则上不用另外选择有关的电器原件，更不允许自己组装配电箱或配电屏等配电装置。

3）设计接地装置

接地是建筑施工现场临时用电工程配电系统安全、可靠运行和防止人身间接触电的基本保护措施。

接地与接地装置的设计主要是根据配电系统的工作基本保护方式的需要，确定接地类别和接地电阻值，并根据接地电阻值的要求选择或确定自然接地体或人工接地体。对于人工接地体还要根据接地电阻值的要求，设计接地体的结构、尺寸和埋深，以及相应的土壤处理，并选择接地体材料。接地装置的设计还包括接地线的选用和确定接地装置的各部分之间的连接要求等。

4）绘制临时用电工程图纸，主要包括用电工程总平面图、配电装置布置图、配电系统接线图、接地装置设计图。对于施工现场临时用电工程来说，由于只是临时设置，所以可综合给出体现设计要求的设计施工图。又由于施工现场临时用电工程相对来说是一个比较简单的用电系统，同时其中一些主要的、相对比较复杂的用电设备的控制系统已由生产厂家确定，无需重新设计。所以临时用电工程设计施工图中只需包括上述主要图纸。

电气施工图实际上是整个临时用电组织设计的综合体现，是以图纸形式给出的设计，因而它是最主要也是最重要的技术材料。

（6）设计防雷装置

防雷设计包括：防雷装置位置的确定，防雷装置形式的选择以及相关防雷接地的确定。防雷设计应保证根据设计所设置的防雷装置，保护范围能可靠覆盖整个施工现场，并能对雷害起到有效的防护作用。

（7）确定防护措施

编制安全用电防护措施时，不仅要考虑现场的自然环境和工作条件，还要兼顾施工现场的整个配电系统，包括从配电室到用电设备的整个临时用电工程。对此应确定相应的安全防护方法以及防护要求，如对线路安装的质量、标准的控制要求，对总配电箱与分配电箱的材质、配电板材质及安装位置的要求等。

（8）制定安全用电措施和电气防火措施

编制安全用电技术措施和电气防火措施要和现场的实际情况相吻合，主要重点是：电气设备的连接和 TN-S 系统保护问题，设置漏电保护器问题，一机一闸问题，外电防护问题，开关电器的维护、检修、更换问题，以及对水源、火源、腐蚀介质、易燃易爆物的妥善处理等问题。

3．临时用电工程的验收要求

根据《施工现场临时用电安全技术规范》JGJ 46—2005 第3.1.5 条规定:"临时用电工程必须经编制、审核、批准部门和使用单位共同验收，合格后方可投入使用。"

"电"是不可视的，不是通过肉眼能够判断是否存在安全隐患的。比如在潮湿环境下（浇筑混凝土时）或是存在大面积导体的情况下（楼板或剪力墙的钢筋绑扎时），极易造成群死群伤。强制性条文的规定，进一步说明了临时用电工程是危险性极大的一个重大安全隐患，因此临时用电工程完成后，必须经过编制人、审核人、批准人和工程总承包单位的共同验收，并且验收合格后才能进行使用。这样做的目的，是将临时用电存在的安全隐患消灭在萌芽的初期，减少或杜绝生产安全事故的发生。

1.3.5 掌握施工现场配电装置的选择、安装和维护

根据《施工现场临时用电安全技术规范》JGJ 46—2005 第1.0.3 条第 1 款与第 3 款规定，建筑施工现场临时用电工程专用的电源中性点直接接地的 220/380V 三相四线低压电力系统，必须符合采用三级配电系统，采用二级漏电保护系统。

建筑施工现场的配电装置，是指施工现场用电工程配电系统中设置的总配电箱、分配电箱和开关箱。三级配电系统，是指总配电箱、分配电箱、开关箱的三级控制，实行分级配电。二级漏电保护系统，是指总配电箱与开关箱中设置的漏电保护器，实行分级漏电保护。

1．配电装置的选择

（1）基本要求

1）配电箱的生产制造标准

配电箱生产制造应符合《低压成套开关设备和控制设备 第4

部分 对建筑工地用成套设备（ACS）的特殊要求》GB/T 7251.4及《施工现场临时用电安全技术规范》JGJ 46—2005 的标准要求。

① 材质

a. 配电箱、开关箱应采用冷轧钢板，开关箱钢板厚度不得小于 1.2mm，分配电箱和总配电箱钢板厚度不得小于 1.5mm，当箱体宽度超过 0.5m 时，应做双开门。

b. 配电箱、开关箱的金属外壳构件应进行防腐、防锈处理，同时应经得起在正常使用条件下可能遇到潮湿的影响。

c. 配电箱内的电器安装板应采用金属而非木质材料。

② 电器元件

电器元件应选用符合《低压开关设备和控制设备 第2部分：断路器》GB/14048.2—2008、《剩余电流动作保护器（RCD）的一般要求》GB/T 6829—2017 以及《建筑现场临时用电安全技术规范》JGJ 46—2005 标准的产品，并符合建设部第 659 号公告《建设事业"十一五"推广应用和限制禁止技术（第一批）》（推广应用技术部分）应用技术要求，即：

a. 产品符合 GB 7251.1—1997，GB 7251.4—1998，JGJ 46—2005标准要求，产品应是通过国家强制性产品"CCC"认证。

b. 总配电箱额定电压 220/380V，额定电流 250（225）A、400A、630（600）A；输出 1～4 路。箱内元器件配置：一是主电路用 LBM-1 漏电保护器与透明塑壳断路器组合、分路用透明塑壳断路器；二是主电路用带隔离功能的透明塑壳断路器（DZ20T 等）、分路用透明塑壳断路器（DZ20T 等）与漏电保护器（LBM-1 等）组合。具有隔离、过载、短路、漏电保护及辅助电源故障自动断电保护功能。

c. 分配电箱额定电压 220/380V，额定电流 100A、250A、400A，主电路及分电路分别设置透明塑壳断路器，具有隔离、过载、短路保护功能。

d. 开关箱额定电压 220/380V；额定电流 40A、63A、100A、250A；配置有隔离功能的透明塑壳断路器（DZ20T、KDM1 等）、电磁式漏电保护器；或具有隔离、过载、短路和漏电保护，并能在辅助电源故障时自动断电功能的组合电器。

（2）总配电箱

总配电箱内应装设总隔离开关和分路隔离开关、总自动开关和分路自动开关、漏电保护器、电压表、电流表、电度表。总隔离开关的额定值、动作整定值应与分路开关的额定值、动作整定值相适应。

如四回路的总配电箱，内设 400 ～ 630A 具有隔离功能的 DZ20 型透明塑壳断路器作为主开关，分路设置 4 回路采用具有隔离功能的 DZ20 系列 160 ～ 250A 透明塑壳断路器，配备 DZ20L（DZ15L）透明漏电开关或 LBM-1 系列作为漏电保护装置，使之具有欠压、过载、短路、漏电、断相保护功能，同时配备电度表、电压表、电流表、两组电流互感器。漏电保护装置的额定漏电动作电流与额定漏电动作时间的乘积不大于 30mAs。最好选用额定漏电动作电流 75 ～ 150mA，额定漏电动作时间大于 0.1s 小于等于 0.2s，其动作时间为延时动作型。四回路总配电箱（壳体：2000×900×400mm），如图 1-80 所示。

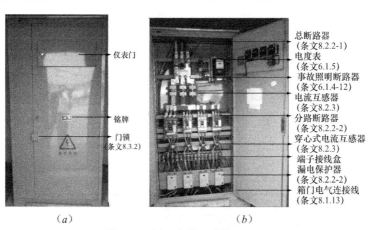

（a）　　　　　　　　　　　　（b）

图 1-80　四回路总配电箱（一）

（a）总配电箱；（b）四回路总配电箱电器配置

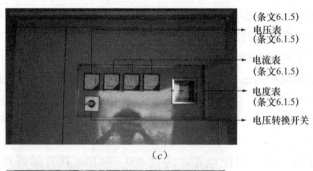

(条文6.1.5)
→ 电压表
(条文6.1.5)
→ 电流表
(条文6.1.5)
→ 电度表
(条文6.1.5)
→ 电压转换开关

(c)

→ 保护零线端子板
(条文8.1.11)
→ 工作零线端子板
(条文8.1.11)
→ 箱门电气连接线
(条文8.1.13)

(d)

图 1-80　四回路总配电箱（二）

(c) 总配电箱仪表；　(d) 总配电箱接线端子板

总配电箱电气原理，如图 1-81 所示。

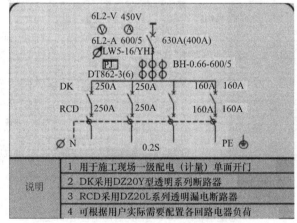

图 1-81　四回路总配电箱电气原理图

根据施工现场用电设备的数量，总配电箱分为四回路、六回路、八回路的配置，使用单位应根据实际情况选用。

（3）分配电箱

分配电箱应装设总隔离开关、分路隔离开关以及总断路器、分断路器，总开关电器的额定值、动作整定值应与分路开关电器的额定值、动作整定值相适应。

1）动照分设的分配电箱（动力回路与照明回路分路配电）

如动照分设的分配电箱，内设 200 ～ 250A 具有隔离功能的 DZ20 系列透明塑壳断路器作为主开关（与总配电箱分路设置断路器相适应）；采用 DZ20 或 KDM-1 型透明塑壳断路器作为动力分路、照明分路控制开关；各配电回路采用 DZ20 或 KDM-1 透明塑壳断路器作为控制开关；PE 线连线螺栓、N 线接线螺栓根据实际需要配置。动照分设分配电箱（壳体：850×950×240mm）及电气原理，如图 1-82、图 1-83 所示。

2）动力分配电箱

动力分配电箱（壳体：670×800×240mm）及其电气原理，如图 1-84、图 1-85 所示。

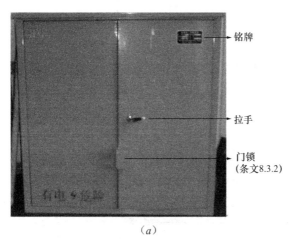

（a）

图 1-82　动照分设分配电箱（一）

（a）分配电箱

照明分路总断路器
照明分路断路器
(条文8.1.4)
动力分路总断路器
端子接线盒
分配电箱总断路器
(条文8.2.4)
动力分路断路器
(条文8.1.4)
工作零线端子板
(条文8.1.11)
保护零线端子板
(条文8.1.11)
箱门电气连接线
(条文8.1.13)

(b)

图 1-82 动照分设分配电箱（二）

(b) 动照分设分配电箱电器配置

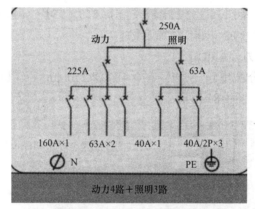

图 1-83 动照分设分配电箱电气原理图

分路断路器
(条文8.2.4)
分配电箱总断路器
(条文8.2.4)
门锁(条文8.3.2)
工作零线端子板
(条文8.1.11)
保护零线端子板
(条文8.1.11)
箱门电气连接线
(条文8.1.13)

图 1-84 动力分配电箱

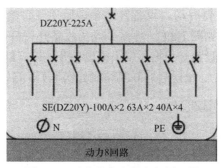

图 1-85　动力分配电箱电气原理图

（4）开关箱

开关箱内必须安装隔离开关和漏电保护器，漏电保护器的额定动作电流应不大于 30mA，额定动作时间应小于 0.1s。对于控制交流电焊机的，还应在开关箱内安装防二次侧触电保护器。每台用电设备应有各自的专用开关箱，实行"一机一闸"制，严禁用同一个开关电器直接控制二台及二台以上的用电设备（含插座）。开关箱（620×450×220mm）及其电气原理如图 1-86、图 1-87 所示。

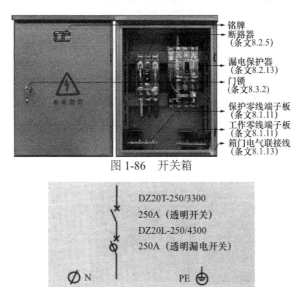

图 1-86　开关箱

图 1-87　开关箱电气原理图

开关箱主要有动力设备开关箱、照明开关箱（如图 1-88）、移动开关箱（如图 1-89）。主要的动力设备开关箱有地泵开关箱、电动机等中型设备开关箱、中小型设备开关箱、电焊机专用开关箱（如图 1-90）、电磁启动开关箱（如图 1-91）等。

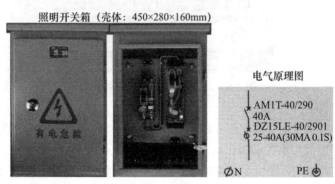

图 1-88　照明开关箱

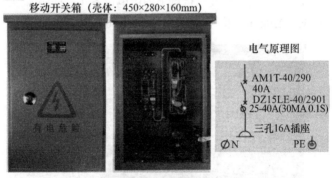

图 1-89　移动开关箱

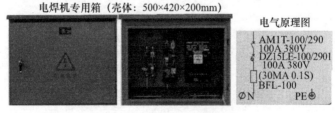

图 1-90　电焊机专用开关箱

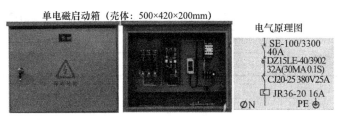

图 1-91　电磁启动开关箱

2．配电装置的安装

施工现场的配电装置，是指临时用电系统中的总配电箱、分配电箱、开关箱。因此配电装置的安装，其实就是配电箱及其选用的电器配件的安装。而配电箱的生产制造，必须符合《低压成套开关设备和控制设备　第 4 部分：对建筑工地用成套设备（ACS）的特殊要求》GB 7251.4—2017 中的有关要求，而并非使用单位自己加工安装。因此，本书中对配电装置的安装，只是进行简单的介绍，方便学员们维修维护配电装置。

（1）电器元件的安装要求

1）安装必须牢固、端正，不得松动、歪斜。

2）电器元件之间及与箱体之间的距离，应符合表 1-6 的要求。

电器元件排列间距　　　　　　　　　　　　　表 1-6

位置	最小间距（mm）	
仪表侧面之间或侧面与盘边	60 以上	
仪表顶面或出线孔与盘边	50 以上	
闸具侧面之间或侧面与盘边	30 以上	
仪表、胶盖闸顶面或底面与出线孔	导线截面（mm） 10 及以下	80
	16～25	100

3）不同极性的裸露带电导体之间以及它们与外壳之间的电气间隙和爬电距离，应符合表 1-7 的要求。

电气间隙和爬电距离 表 1-7

额定绝缘电压	电气间隙（mm）		爬电距离（mm）	
	≤ 63A	> 63A	≤ 63A	> 63A
$U_i \leq 60$	3	5	3	5
$60 < U_i \leq 300$	5	6	6	8
$300 < U_i \leq 600$	8	10	10	12

4）配电箱内的金属安装板、所有电器元件在正常情况下不带电的金属底座或外壳、插座的接地端子，均应与配电箱体一起做可靠的保护接零，保护零线必须采用黄绿双色线，并通过专用接线端子连接。

（2）配电箱、开关箱导线进出口处的要求

1）配电箱、开关箱电源线的进出规则是下进下出，不能在其他部位进出电源线。

2）在导线的进、出口处应加强绝缘，并将导线卡固牢固。

3）进、出电源线应加护套，分路成束并作防水弯，电源线不得与箱体进、出口直接接触，进出导线不得承受超过导线自重的拉力，以防接头拉开。

（3）配电箱、开关箱内连接导线要求

1）连接导线应采用绝缘导线，性能应良好，接头不得松动，不得有外露导电部分。

2）导线布置要横平竖直、排列整齐，进线要标明相别，出线要做好分路去向标志，两个电器元件之间的连接导线不应有接头或焊接点，在固定的端子板上接线。

3）分别设置独立的工作零线和保护零线接线端子板，工作零线和保护零线通过端子板连接，端子板上一只接线孔只允许接一根导线。

4）配电箱应设置专用的不小于 M8 镀锌或铜质螺钉，并与配电箱的金属外壳及箱内的金属安装板和保护中性线进行可靠连接，保护接地螺钉不得兼作他用，不得在螺钉或保护中性线的接线端子上喷涂绝缘材料。

5）配电箱内的连接导线应尽量采用铜线，铝线接头松动易导致电火花和高温，引起对地短路故障。

6）配电箱内母线和导线的排列（从装置正面观察）应符合表 1-8 的要求。

配电箱内母线和导线的排 表 1-8

相别	颜色	垂直排列	水平排列	引下排列
A	黄	上	后	左
B	绿	中	中	中
C	红	下	前	右
N	蓝	较下	较前	较右
PE	黄绿相同	最下	最前	最右

（4）配电箱、开关箱的制作要求

1）配电箱、开关箱箱体应严密、端正、防雨、防尘，箱门开、关松紧适度。

2）所有配电箱和开关箱必须配备门、锁，在醒目位置标注名称、编号及每个用电回路的标志。

3）端子板一般安装在箱内电器安装板的下部或箱内底部侧边，进出线必须通过端子板做可靠连接。N 线端子板必须与金属电器安装板绝缘；PE 线端子板必须与金属电器安装板做电气连接。进出线中的 N 线必须通过 N 线端子板连接；PE 线必须通过 PE 线端子板连接。PE 线与端子板连接必须采用电气连接，电气连接点的数量应比箱体内回路数量多 2 个，1 个为 PE 线进箱体的连接点，1 个为重复接地的连接点。

3．配电装置的维护

因为建筑施工现场临时用电的自然环境复杂、工作状况恶劣，所以要加强对配电装置的检查与维护工作，争取杜绝安全隐患，避免发生触电事故。

（1）施工现场的建筑电工每天应对配电装置进行巡查，每月对配电箱、开关箱进行一次检查和维护。

（2）保持配电装置设置场所的通风顺畅、环境干燥，及时清除易燃易爆物、腐蚀介质和杂物，配电箱周围应有足够两人同时工作的空间和通道。

（3）配电箱内不得放置任何杂物，保持配电箱体内外的干净整洁。

（4）配电箱的进出线口处的束线保护必须完好，避免损坏电源线的绝缘皮。

（5）更换电器元件时，必须与原型号、规格和材质一致，不应使用替代产品。

（6）及时维修损坏的配电箱体、箱门、门锁及支架、防护棚、围栏等辅助设施。

（7）配电装置进行定期检查、维修时，必须将其前一级相应的隔离开关分闸断电，并悬挂"禁止合闸"标志牌，严禁带电作业。

（8）检查、维修及检修时的停或送电，必须由建筑电工执行。

1.3.6 掌握配电线路的选择、敷设和维护

施工现场的配电线路是指为现场施工需要而敷设的线路，包括室外线路和室内线路。室外线路主要有架空敷设和埋地敷设两种，室内线路通常有沿墙敷设和暗敷设两种。

通常电流传输的方式是点对点传输。电源线按照用途可以分为 AC 交流电源线及 DC 直流电源线，通常 AC 电源线是通过电压较高的交流电的线材，这类线材由于电压较高需要统一标准获得安全认证方可以正式生产。而 DC 线基本是通过电压较低的直流电，因此在安全上要求并没有 AC 线严格，但是安全起见，世界各国还是要求统一安全认证。

1. 配电线路的选择

配电线路的选择，是临时用电组织设计中一项重要内容，合理选择配电线路将降低资源消耗、减少资金投入、提高安全

性能、增加经济效益。由于建筑施工现场的临时用电的配电线路，必须采用绝缘电线和电缆，因此在这里仅介绍绝缘电线和电缆。

（1）电源线

1）概念

电源线是传输电流的电线，一般的通常将芯数少、结构简单、截面积≤ 6mm² 称为电线。

2）结构组成

电源线的结构从内到外主要由导体、内护套绝缘层、外护套保护层，常见的导体有铜或铝质的金属等组成（图 1-92）。

图 1-92　电源线结构

外护套又称之为保护护套，是电源线最外面的一层护套，这层外护套起着保护电源线的作用，外护套有着耐高温、耐低温、抗自然光线干扰、韧性好、使用寿命高、材料环保等特性。内护套又称之为绝缘护套，是电源线不可缺少的中间结构部分。绝缘护套顾名思义就是绝缘，保证电源线的通电安全，让导体和空气之间不会产生漏电现象，且绝缘护套的材料要柔软，保证能很好的镶在中间层。

3）常用电源线敷设方式

① 室内外明装穿管固定

适合室内外明装穿管固定的有铜芯或铝芯橡皮线、铜芯橡皮软线、铜芯玻璃丝编织橡皮软线、聚氯乙烯绝缘线、聚氯乙烯绝缘护套线、氯丁橡皮绝缘线。

② 室内明装

适合室内明装敷设的有聚氯乙烯绝缘线。

（2）电缆线

1）概念

电缆线是指用于电力、电气及相关传输用途的材料，一般的通常将芯数多、结构复杂、导体截面积＞6mm^{2}的导线称为电缆。施工现场临时用电系统中常用的电缆线，如图1-93所示。

三芯电缆线

四芯电缆线

五芯电缆线

图1-93　电缆线实物

2）结构组成

电缆线结构从内到外主要由导体、绝缘层、内护层、外护层、铠装、外护套等组成。电缆线的组成结构，如图1-94所示。

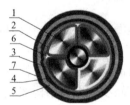

图1-94　电缆线的结构

1—导体；2—绝缘；3—包带；4—内衬；
5—铠装层；6—填充；7—外护套

3）常用电缆线的敷设方式

① 适合于室内、隧道内及管道内，不能承受机械外力的敷设方式有聚氯乙烯绝缘护套电力电缆（一至四芯）。

② 适合直接埋地的敷设方式有塑料绝缘护套内钢带铠装铜（铝）芯电力电缆。

③ 适合于室内、沟道及管道内敷设方式有铜（铝）芯绝缘裸铅包电力电缆。

（3）配电线路的选择

施工现场临时用电的配电线路，应从敷设方式、使用环境方面确定电源（缆）线类型；根据外电供给的和现场用电设备的电压和电流等，计算所需要类型电源（缆）线的截面积。

1）电源（缆）线类型

① 从外电线路变压器进入到施工现场配电室，一般应选用塑料绝缘护套内钢带铠装铜（铝）芯电力电缆线，当选用无铠装电缆线时，应具备防水与防腐功能。

② 从总配电箱到分配电箱，从分配电箱到开关箱，从开关箱到用电设备，一般应选用橡皮护套电缆和聚氯乙烯绝缘铜芯软电缆。

③ 办公和生活一般应选用聚氯乙烯绝缘护套线。

2）电源（缆）线截面积

根据《施工现场临时用电安全技术规范》JGJ 46—2005 的有关要求，按机械强度条件选择，电源（缆）线应有足够的机械强度，最小允许截面见表 1-9。

按机械强度要求的导线最小允许截面　　　　　表 1-9

用途	线芯最小截面（mm²）	
	铜线	铝线
照明用灯头引下线： 1. 室内 2. 室外	0.5 1.0	2.5 2.5
设置在绝缘支架上的绝缘导线，其支持点间距为： 1. 2m 及以下，室内 　　　　　　　　　室外 2. 6m 及以下 3. 16m 及以下 4. 25m 及以下	1.5 2.5 4 6 ××	10 10 10 10 10
使用绝缘导线的低压接户线： 1. 档距 10m 以下 2. 档距 10～25m	2.5 4	4 6

用途	线芯最小截面（mm²）	
	铜线	铝线
穿管敷设的绝缘导线	6	10
架空线路（1kV 以下） 1. 一般位置 2. 跨越铁路、公路、河流	 10 16	 16 25
电气设备保护零线	2.5	不允许
手持式用电设备电缆的保护零线	1.5	不允许

2．配电线路的敷设

建筑施工现场临时用电系统，按照《施工现场临时用电安全技术规范》JGJ 46—2005 的有关要求，实行的是三级配电系统，即总配电箱、分配电箱、开关箱，但实际接线是四级接线系统（图1-95）。从外电线路变压器至施工现场配电室的总配电箱的第一级接线，一般容易忽视。另外，不同级别的接线，线路的敷设方式不相同，在编制临时用电组织设计时，要结合实际情况设计有针对性的线路敷设方式。建筑施工现场临时用电系统常见有埋地、架空和沿墙壁敷设等三种方式，敷设电缆线的部位应设置方位标志和安全警示标志。严禁在没有防护的情况下，沿地面明装敷设。

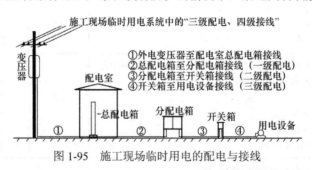

图 1-95　施工现场临时用电的配电与接线

（1）直接埋地

在变压器至配电室总配电箱之间的电缆线，因为需要采用三相四线或三相五线的电缆线，因此应采用埋地方式敷设电缆线。

1）埋地的特点

直接埋地电缆线的特点是施工简单、投资省、散热好、防护好、不易受损。

2）埋地位置选择

直接埋地敷设电缆线时，应避开地下积水或存水处，有可能经常开挖的部位，计划搭设临时建筑物、贮存易燃易爆物或散发腐蚀性气体或溶液的地方。

3）埋地方法

电缆线直接埋地敷设的深度不应小于0.7m，并应在电缆紧邻上、下、左、右侧均匀敷设不小于50mm厚的细砂，细砂上面覆盖砖或混凝土板等保护层，保护层上面再回填软土。软土中不得掺有石块或建筑垃圾。电缆线应比电缆沟长1.5%～2%。电缆沟的形状和尺寸，如图1-96所示。

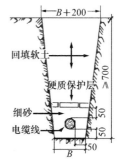

图1-96　电缆直接埋地

4）电缆线接头的处理

① 埋地电缆的接头应设在地面上的接线盒内，接线盒应能防水、防尘、防机械损伤，并应远离易燃、易爆、易腐蚀场所。

② 电缆线接线头应牢固可靠，进行绝缘防水处理，保持绝缘强度，不得承受张力。

5）直接埋地电缆线的防护

① 埋地电缆线在穿越建筑物、构筑物，穿过楼板及墙壁、道路、易受机械损伤、介质腐蚀场所部位，以及引出地面从2m高至地下20cm之间，必须加设防护套管。防护套管内径应大于电缆线外径的1.5倍，保护套管的弯曲半径应大于所穿入电缆线允许弯曲的半径。

② 电缆线与建筑物平行敷设时，电缆线应埋设在建筑物的散水坡外。电缆线引入建筑物时，所穿保护管应超出建筑物散水坡10cm。

③ 在建工程内的电缆线路必须采用埋地引入，埋地电缆线与其附近外电电缆线或管沟的平行间距不得小于 2m，交叉间距不得小于 1m。

（2）架空线路

架空线路是由导线、电杆、横（纵）担、绝缘子四部分组成。

1）电杆

电杆是用来支持绝缘子和导线的，并保持导线对地面有足够的高度，以保证人身安全。常用的电杆有木杆和混凝土杆两种。

① 混凝土线杆不得有露筋、宽度大于 4.0mm 的环向裂纹或扭曲；木杆不得腐朽、弯曲，根部必须涂防水涂料或烧焦处理，梢径不应小于 40mm。

② 电杆顶部一般保留 10 ～ 30cm 设置横担（纵担），根据建筑施工现场临时用电系统的实际情况，设置纵担即可。

③ 电杆埋设深度与土质有关，一般土质电杆埋深为电杆长度的 10% ＋ 0.6m；松软土质情况下，应适当加大埋设深度或采用卡盘加固。

④ 在电杆 2.5m 以上位置与地面 30°～ 45°夹角，设置固定电杆的拉线。拉线宜采用镀锌铁线，埋地深度不小于 1m，拉紧绝缘子应在电杆上。如使用撑杆代替拉线，撑杆埋深不得小于 0.8m，底部应垫底盘或石块，撑杆与电杆夹角宜为 30°。

2）架设方式

架设路线应选择直线距离最短的，架空电源线应沿电杆、支架或墙体敷设，不得沿树木、脚手架敷设。

3）架设位置

电源线架设的路径应保证电源线不受到机械损伤和介质腐蚀。

4）架设方法

① 架空电源线距离地面最小垂直距离：施工现场≥ 4m，机动车道≥ 6m；相邻的线杆或支架间距应控制在 35 ～ 20m 之间，如图 1-97 所示。

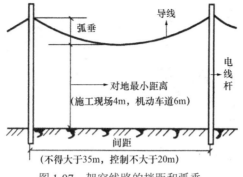

图 1-97　架空线路的挡距和弧垂

② 架设时应使用绝缘子固定电源线并用绝缘线绑扎牢固，如图 1-98 所示。

图 1-98　架空电源线的固定

③ 可以使用钢索固定在相邻的两个电杆或支架上，然后将电源线使用专用挂钩挂在钢索上，这样能避免电源线自重带来的截面减小，如图 1-99 所示。为塔式起重机供电的这种架空电缆线的敷设方式，只适用于基础施工阶段，待基础施工结束后，结合实际情况调整为埋地敷设或沿墙敷设。

图 1-99 架空电缆线的敷设

5）电源线接头的处理

架空电源线接头应牢固、可靠、做绝缘和防水处理，不得承受张力。

6）架空线路的防护

① 架空线路的边线与建筑物凸出部分距离应≥1m。

② 由于建筑施工现场内架空电源线的敷设影响起重吊装作业，特别是在塔吊起重臂的作业半径范围内，不应采用架空方式敷设电源线。

（3）沿墙敷设

1）沿墙敷设的部位

建筑施工现场围挡部位、办公与生活区域、在建主体内。

2）沿墙敷设的要求

① 垂直敷设应充分利用在建工程竖井、垂直孔洞等，并宜靠近用电负荷中心，固定点每楼层不得少于一处。水平敷设宜沿墙或门口刚性固定，最大弧度垂直距离地面不低于 2.0m。

② 采用瓷（塑料）夹固定电源线时，应将瓷瓶、瓷（塑料）夹固定在墙壁和顶棚上；瓷（塑料）夹间距不应大于 0.8m，电源线间距不应小于 3.5cm；采用瓷瓶固定电源线时，瓷瓶间距不应大于 1.5m，电源线间距不应小于 10cm。瓷瓶固定及电源线的敷设形式，如图 1-100 所示。

③ 采用电缆槽敷设电源线时，电缆槽应紧固在墙壁上且不得松动、破裂露出电源线。使用金属材料的电缆槽时，电缆槽之间应做电气连接。电缆槽的设置与电源（缆）线的敷设，如图 1-101 所示。

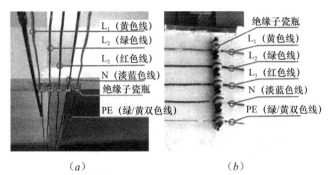

（a） （b）

图1-100 瓷瓶固定及电源线的敷设

（a）瓷瓶固定在顶棚； （b）瓷瓶固定在墙壁

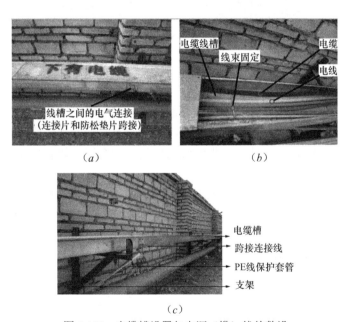

（a） （b）

（c）

图1-101 电缆槽设置与电源（缆）线的敷设

（a）电缆槽外部（有电缆标识）； （b）电缆槽内部（打开面板）；

（c）电缆槽设置

④ 采用钢索固定电源线时，钢索吊架间距不宜大于12m。采用护套绝缘导线或电缆时，可直接敷设于钢索上。钢索敷设电

源线，如图 1-102 所示。

图 1-102　钢索敷设电源线

3．配电线路的维护

（1）直接埋地

① 检查全部直接埋地线路的状况，对于塌陷部位应重新挖开，检查确认没有隐患后再回填压实；修复损坏的埋地标识。

② 检查进出地面处电缆线部位的保护套管，如有损伤要及时修复。

③ 检查直接埋地线路沿线的施工作业情况，有影响到埋地电缆安全的，应立即要求停止施工，报告安全员和项目负责人处理。

（2）架空线路

① 检查全部电杆是否倾斜、埋设是否牢固、横（纵）担是否位移、拉线是否紧固、绝缘瓷瓶是否损坏、固定螺栓是否牢固。

② 检查架空电源线弧垂是否低于要求的高度，固定电源线的绑线是否松动。

③ 检查附着电源线的钢索是否下垂明显，专用挂钩是否损坏，支撑钢索的支架是否变形、移位、紧固螺帽丢失或松动。

（3）沿墙敷设

① 检查敷设电源线墙面是否变形或位移，有无倒塌的可能。

② 检查固定电源线的支架或者线槽是否固定牢固，螺栓是否松动、螺帽是否丢失，线槽的电气连接是否可靠、是否会产生短路。

（4）检查全部电源线是否有破损、接头是否牢固、绝缘及防水处理是否完好，连接电源线的接线端子螺栓是否松动、接线是否虚接等。

（5）对检查中发现的问题，要立即整改合格后再继续使用，严禁"带病"使用。

1.3.7　掌握施工现场照明线路的敷设和照明装置的设置

《施工现场临时用电安全技术规范》JGJ 46—2005 规定，在坑、洞、井内作业、夜间施工或厂房、道路、仓库、办公室、食堂、宿舍、料具堆放场及自然采光差等场所，应设一般照明、局部照明或混合照明。在一个工作场所内，不得只设局部照明。停电后，操作人员需要及时撤离的施工现场，必须装设自备电源的应急照明。

1. 施工现场的照明方式和基本分类

（1）照明方式

施工现场的照明方式分为一般照明、局部照明或混合照明三种。

1）一般照明

一般照明，是对建筑物内某个场所形成均匀照度的一种方法，它是为照亮整个场所设置的照明。这种照明方式的灯具布置均匀，整个场所照度相同，对光照方向无特殊要求。

2）局部照明

局部照明，是仅限于工作部位固定或移动的照明，它是单独为某个部位设置的照明，以提高局部光线的亮度。这种照明方式适用于有照射方向要求的场所，以及需要遮挡或克服反射光线的场所。

3）混合照明

混合照明，是指一般照明与局部照明共同组成的照明，它是在一般照明提供均匀照度的方式上，再在某一部位设置局部照明，适用于工作面需要较高照度且照射方向有要求的场所。

（2）基本分类

按照明的使用功能进行分类，照明方式一般可分为：正常照明、应急照明、值班照明、警卫照明和障碍照明等。

1）正常照明

正常照明，是指在正常情况下，使用的室内外照明。

2）应急照明

应急照明，是指在正常照明因故障熄灭的情况下，能够为人员继续工作或疏散而提供的照明，它包括备用照明、安全照明、疏散照明。

备用照明，是指正常照明失效后，替代正常照明的照明。

安全照明，是指确保处于危险中人员安全的照明。

疏散照明，是指发生事故时保证人员疏散的照明。

一般情况下，备用照明的照度不低于正常照明照度的10%，安全照明的照度不低于正常照明的5%，疏散照明不低于0.51lx（照度单位，勒克斯）。

3）值班照明

值班照明，是指在工作和非工作时间内供值班人员用的照明。

值班照明可利用正常照明中能单独控制的一部分或全部，也可利用应急照明的一部分或全部作为值班照明使用。

4）警卫照明

是指有警戒任务的建筑物或某些需要警戒的重要场所，根据警戒范围及要求设置的照明。

（3）照明电源线的选择

1）相线的选择

① 室内照明电源线宜使用聚氯乙烯绝缘铜芯软线，室外照明电源线宜使用轻型橡皮绝缘护套电缆。

② 使用携带式变压器，其一次侧电源线应采用橡皮护套或塑料护套铜芯电缆。

③ 电源线最小截面积，应满足表 1-10 的要求：

线芯最小允许截面 表 1-10

安装场所及用途	线芯最小截面（mm²）		
	铜芯线	铜线	铝线
照明灯头线：1. 在建主体 2. 室外	0.4 1.0	0.5 1.0	1.5 2.5
移动式用电设备：1. 生活用 2. 生产用	0.2 1.0	— 	—

2）工作零线（N）截面的要求

① 单相及本相电源线中，零线截面积与相线截面积相同。

② 三相四线制线路中，零线截面积不小于相线截面积的 50%；当照明器为气体放电灯时，零线截面积按最大负荷相的电流选择。

③ 在逐相切断的三相照明电路中，零线截面积与最大负荷相相线截面积相同。

（4）照明供电电压的选择

1）一般场所，照明供电电压宜为 220V。

2）隧道、地下管廊、人工挖孔桩内、管道井、电梯井、地下室等比较潮湿，或有导电灰尘，或灯具安装高度低于 2.5m 等场所，以及行灯的照明供电电压都不应大于 36V。

3）卫生间、厨房等潮湿和易于触电的场所，照明供电电压不得大于 24V。

4）淋浴室、标养室或特别潮湿、导电良好的地面、金属容器等有高度触电危险的场所，照明电源电压不得大于 12V。

5）远离电源的小面积工作场地、道路照明、警卫照明或额定电压为 12 ～ 36V 照明的场所，其电压允许偏移值为额定电压值的 ±5%。

（5）照明线路的敷设

1）照明线路应与动力线路分路设置，照明开关箱应单独设置。

2）施工现场照明线路架空设置时，电源线距离地面最小垂直距离：施工现场≥4m，机动车道≥6m，室内不低于2.5m。

3）结合基础施工阶段、主体施工阶段和装饰施工阶段的具体情况，照明线路宜可采取直接埋地敷设、沿墙敷设的方式。

4）照明电路系统中，每一个单相回路上，灯具和电源插座数量不宜超过25个，负荷电流不宜超过15A。连接具有金属外罩灯具的插座和插头均应接PE线的保护触头。

5）照明线路的敷设要满足本书中配电线路敷设中的有关要求。

2．照明装置的设置

（1）施工现场常用的照明灯具

传统的照明灯具有以下几种，为了满足学员们知识更新的需要，在这里我们也介绍一下新型节能的照明灯具。

1）白炽灯

白炽灯泡是利用钨丝通电加热发光的一种热辐射光源，它结构简单、成本低、使用方便，平均使用寿命1000h，现在个别生产厂商将平均使用寿命提高到了5000h。但这种传统的照明灯具耗电量大，光效低、照度差、易损坏，不建议使用。

2）卤钨灯

卤钨灯是一种新型的热辐射电光源，它是在白炽灯的基础上改进而来，与白炽灯相比，它有体积小、光能稳定、光效高、光色好、使用寿命长的特点。卤钨灯的缺点：使用时灯管管壁温度可达600℃，必须与易燃物保持安全距离并且不允许采用人工冷却；耐振性能差，不宜在有振动的场所使用，也不宜作移动式局部照明使用。

卤钨灯分为碘钨灯和溴钨灯。

① 碘钨灯

碘钨灯灯管由耐高温的石英玻璃制成，灯丝沿玻璃管轴向安装，电源引出线由两端接出，平均使用寿命1500h。碘钨灯与白炽灯相比，具有体积小、光能稳定、光效高（一只1000W碘钨灯相当于5000W普通白炽灯的亮度）的优点。缺点是耐振性差，价格较高，灯管壁工作温度高达 500～600℃。

②溴钨灯

溴钨灯与碘钨灯的结构、尺寸完全相同，但光效比碘钨灯约高 4%～5%。

3）荧光灯（日光灯）

荧光灯靠汞蒸气放电时发出可见光和紫外线，日光灯触动灯管内壁的荧光粉发光，光色接近白色。荧光灯是低气压放电灯，工作在弧光放电区，当电压变化时照明不稳定，所以必须与镇流器一起使用，将灯管的工作电流限制在额定数值。

4）荧光高压汞灯（高压水银汞灯）

常用的照明高压汞灯分荧光高压汞灯、反射型荧光高压汞灯和自镇流荧光高压汞灯三种。反射型高压汞灯玻壳内壁上部镀有铝反射层，具有定向反射性能，使用时可不用灯具；自镇流荧光高压汞灯用钨丝作为镇流器，是利用高压汞蒸气放电、白炽体和荧光材料三种发光物质同时发光的复合光源。这类灯的外玻壳内壁都涂有荧光粉，它能将汞蒸气放电时辐射的紫外线转变为可见光，以改善光色，提高光效。荧光高压汞灯的光效比白炽灯高约三倍，寿命也长，启动时不需要加热灯丝，故不需要启辉器，但光色差。

5）高压钠灯

高压钠灯是利用高压钠蒸气放电，其辐射光的波长集中在人眼较灵敏的区域内，故光效高，为荧光高压汞灯的 2 倍，且寿命长，但显色性差。

6）金属卤化物灯（金属卤素灯）

金属卤化物灯（金属卤素灯）是在荧光高压汞灯的基础上，为改善光色而发展起来的一种新光源，不仅光色好，而且光效高。

7）管形氙气灯

高压氙气放电时产生很强的白光，和太阳光十分相似，故有"小太阳"之称，特别适合大面积场所照明。

8）防水防尘灯

防水防尘灯适用于室内外多水多尘场所，可配置白炽灯，GCII 型防水防尘灯如图 1-103 所示。

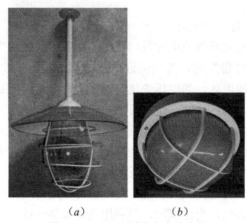

（a）　　　　　（b）

图 1-103　GCII 型防水水防尘灯

（a）GCII 型防水防尘灯；（b）圆形防水防尘灯

9）其他灯具

施工现场使用的照明器具还很多种型号的有手持式行灯、悬挂式防爆灯等，使用这些灯具时一定要注意它的额定电压、适用范围和安装要求，同时要注意生产厂家的产品合格证书。

目前，新型节能环保照明器具主要有 LED 灯具和太阳能灯具系列，它们的特点如下：

① LED 灯

a. 新型绿色环保光源：运用冷光源，眩光小，无辐射，使用中不产生有害物质，工作电压低，采用直流驱动方式，超低功耗（单管 0.03～0.06W），电光功率转换接近 100%，在相同照明效果下比传统光源节能 80% 以上。

b. 环保效益更佳，光谱中没有紫外线和红外线，而且废弃物可回收，没有污染，不含汞元素，可以安全触摸，属于典型的绿色照明光源。

c. 寿命长：固体冷光源，环氧树脂封装，抗震动，灯体内也没有松动的部分，不存在灯丝发光易烧、热沉积、光衰等缺点，是传统光源使用寿命的 10 倍以上（使用寿命 60000 ～ 100000h），稳定性能好，可在 −30 ～ 50℃ 环境下正常工作。

d. 多变换：光源可利用红、绿、蓝三基色原理，在计算机技术控制下使三种颜色具有 256 级灰度并任意混合，形成不同光色的组合。

② 太阳能灯

a. 节能环保、无污染、无辐射、光效强、用寿命长。

b. 安装方便、维护简单、自动控制，使用安全、不会发生触电事故。

c. 回收利用率高，适合建筑施工现场办公区、生活区、加工区的室外照明。

（2）照明灯的选择

1）结合照明部位的电压、电流变化和使用环境，以及不同类型照明器的使用要求，有针对性地选择相应的照明器，建议选择新型、环保、节能、散热量低的照明器。

2）办公室、会议室、宿舍、餐厅、活动室、在建主体楼梯间等正常温度与湿度的环境，建议使用 LED 照明灯、荧光灯。

3）潮湿或有导电灰尘，或灯具安装高度低于 2.5m 的场所，应使用安全电压的照明灯。

4）施工现场办公区、生活等室外庭院、道路的照明，可考虑使用太阳能灯照明、荧光高压汞灯。

5）施工现场、加工区、作业区等大面积的照明，建议使用管形氙气灯或卤钨灯。

6）施工现场作业场所局部照明，普遍使用安装简单、使用方便、价格低廉的卤钨灯。

7）在相对狭小的空间作业需要照明时，应使用能够满足安全要求的手持式行灯或防爆灯，如图 1-104 所示。

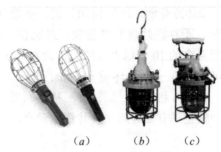

（a） （b） （c）

图 1-104　行灯与防爆灯

（a）手持式行灯；（b）悬挂式；（c）手持式防爆灯

（3）照明装置的设置

照明装置的设置包括照明装置的安装、控制和保护。

1）安装

① 安装高度

照明灯具的安装高度应考虑防止眩光，保证照明质量和安全，照明灯具距地面最低悬挂高度见表 1-11。

照明灯具距地面最低悬挂高度　　　表 1-11

光源种类	灯具形式	光源功率（W）	最低悬挂高度（m）
白炽灯	有反射罩	≤100	2.5
		150～200	3.5
		300～500	4.0
	有乳白玻璃反射罩	≤100	2.0
		150～200	2.5
		300～500	3.0
卤钨灯	有反射罩	≤500	6.0
		1000～2000	7.0
荧光灯	无反射罩	＜40	2.0
		＞40	3.0
	有反射罩	≥40	2.0
荧光高压汞灯	有反射罩	≤125	3.5
		250	5.0
		400	6.5

光源种类	灯具形式	光源功率（W）	最低悬挂高度（m）
高压汞灯	有反射罩	≤ 125 250 400	4.0 5.5 6.5
金属卤化物灯	搪瓷反射罩 铝抛光反射罩	400 1000	6.0 14.0
高压钠灯	搪瓷反射罩 铝抛光反射罩	250 400	6.0 7.0
高压氙气灯			20.0
太阳能灯	有反射罩		以产品说明书为准
LED 灯	裸灯		以产品说明书为准
行灯	有防护网	≤ 36	以产品说明书为准
防爆灯	有保护罩		以产品说明书为准

② 安装接线

螺口灯头的中心触头应与相线连接，螺口应与零线（N）连接；碘钨灯及其他金属卤化物灯的灯线应固定在专用接线柱上，金属外壳必须做可靠的 PE 线连接（图 1-105）；灯具的内接线必须牢固，外接线必须做可靠的防水绝缘包扎。

图 1-105 金属卤化物灯金属外壳 PE 线的连接

③ 对易燃易爆物的防护距离

普通灯具不宜小于 300mm；聚光灯及碘钨灯等高热灯具不

宜小于500mm，且不得直接照射易燃物。达不到防护距离时，应采取隔热措施。

2）控制

① 任何灯具必须经照明开关箱控制，箱内配置完整的电源隔离、过载与短路保护及漏电保护器。

② 灯具的相线必须经开关控制，不得直接引入灯具。

③ 临时设施照明灯可采用拉线开关，开关距地面高度为2～3m，与出、入口的水平距离为15～20cm，拉线出口向下。

④ 安装照明灯的墙壁暗装开关时，开关距地面高度为1.3m，与出、入口的水平距离为15～20cm。

3）保护

① 在易燃材料的顶棚上安装照明灯具时，灯具应加装阻燃底座或阻燃垫（图1-106）。

图1-106 易燃材料顶棚照明灯具的安装

② 室外使用具有散发高热量的照明灯，应安装在防雨水浇淋的防护罩内（图1-107）。

③ 软线吊灯重量限于1kg以下，超过时应采用吊链或吊架连接。

图 1-107　室外照明安装

1.3.8　熟悉外电防护、防雷知识

1．外电防护

外电线路主要是指不为施工现场专用的原来已经存在的高压或低压配电线路，外电线路一般为架空线路，个别也有地下电缆线路，并且外电线路一般情况下是固定不动的。因此，施工过程中的在建主体、机械设备、施工材料、人员，必须与外电线路保持安全距离，否则必须采取屏护措施，防止发生触电事故。

（1）概念

1）外电防护，是指施工现场原来具有的高压或低压配电线路（或地下电缆），因与在建主体、机械设备、施工材料、人员等不能保证安全距离，而采取的防止触电的措施。

2）安全距离，是指带电导体与其附近接地的物体、地面不同极（或相）带电体以及人体之间必须保持的最小空间距离或最小空气间隙。

（2）安全距离的有关规定

根据现行《施工现场临时用电安全技术规范》JGJ 46—2005的有关规定，对外电线路的安全距离要求如下：

1）在建工程（含脚手架）的周边与外电架空线路的边线之间的最小安全操作距离应符合表 1-12 的要求，并如图 1-108 所示。

在建工程与外电架空线路边线之间最小安全操作距离　表 1-12

外电线路电压等级（kV）	< 1	1～10	35～110	220	330～500
最小安全操作距离（m）	4.0	6.0	8.0	10	15

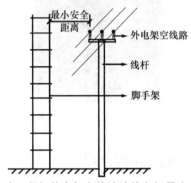

图 1-108　在建工程与外电架空线路边线之间最小安全操作距离

2）施工现场的机动车道与外电架空线路交叉时，架空线路的最低点与路面的最小垂直距离应符合表 1-13 的要求，并如图 1-109 所示。

施工现场的机动车道与架空线路交叉时的最小垂直距离　表 1-13

外电线路电压等级（kV）	< 1	1～10	35
最小安全操作距离（m）	6.0	7.0	7.0

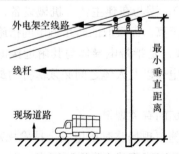

图 1-109　外电架空线路电杆最小垂直距离

3）起重机严禁越过无防护设施的外电架空线路作业。在外电架空线路附近吊装时，起重机的任何部位或吊物边缘与架空线路边线的最小安全距离应符合表 1-14 的要求。

起重机与架空线路边线的最小安全距离　　表 1-14

电压（kV） 安全距离（m）	＜1	10	35	110	220	330	500
沿垂直方向	1.5	3.0	4.0	5.0	6.0	7.0	8.5
沿水平方向	1.5	2.0	3.5	4.0	6.0	7.0	8.5

4）施工现场开挖沟槽边缘与外电埋地电缆沟槽边缘之间的距离不得小于 0.5m。

5）安全距离成因是与外电线路保持安全距离时，应考虑必要的安全距离和安全操作距离。

① 必要的安全距离

由于高压线路周围存在强电场的电磁感应，使附近的导体产生电感应，附近的空气也在电场中被极化，而且电压等级越高电极化就越强。所以必须保持安全距离，并且电压等级越大，安全距离也相应地加大。

② 安全操作距离

由于施工现场的动态特点，在作业过程中，如搭设脚手架，一般立杆、大横杆钢管长度为 6m，如果距离太小，操作中的安全无法保障。因此规定的操作距离，就是施工中应保持的安全距离。由于钢筋绑扎、搭设模板及支撑体系，在作业中极易引发由于操作距离不足，发生触电伤害事故。因此除了保证必要的安全距离外，还要考虑作业条件的各种不利因素，确保作业人员的安全。

（3）外电防护的方法

外电防护措施属于施工现场临时用电组织设计中防护措施中的一部分，当与原有的外电线路达不到安全距离，通常采用屏护措施。

屏护，就是采用遮拦、护罩、护盖、挡板、箱盒等防护装置把带电体与外界隔离开来，以防止人体触及或接近带电体的安全技术措施。

防护设施应与外电线路之间保持最小的安全距离应符合表1-15的要求。

防护设施与外电线路之间的最小安全距离　　表 1-15

外电线路电压等级（kV）	≤ 10	35	110	220	330	500
最小安全距离（m）	1.7	2.0	2.5	4.0	5.0	6.0

1）在建工程高于外电线路的防护

在建工程与外电线路水平距离在 2 ～ 6m 之间时，防护设施如图 1-110 所示；在建工程高度超过外电线路 2m 及以上时，应考虑高处落物引发可能触及外电线路的危险，需要设置顶部防护屏障，如图 1-111 所示。（图中 L 表示最小安全距离数值）

2）在建工程外脚手架与外电线路距离较近的防护

当在建工程的外脚手架与外电线路距离较近，又无法单独设置防护时，在脚手架与外电线路平行一侧的外排立杆里侧设置高度不小于 1.2m 的竹胶板防护，立杆外侧仍然使用密目网防护（图 1-112）。外电线路一侧脚手架至少做三处接地，接地电阻值应小于 10Ω。当在建工程高度超过 2m 时，还需要设置顶部防护屏障。

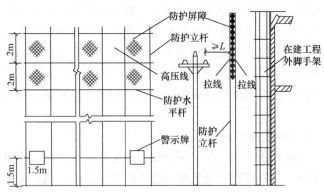

图 1-110　在建工程超过外电线路 2m 以内的防护

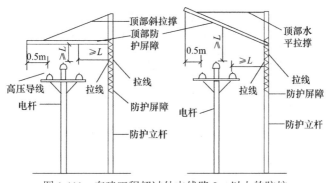

图 1-111　在建工程超过外电线路 2m 以上的防护

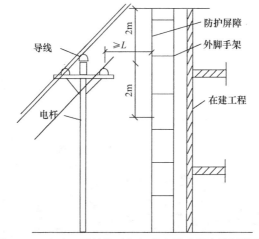

图 1-112　在建工程外脚手架与外电线路距离较近的防护

3）跨越外电线路的防护

起重吊装跨越高压线时，应设置有足够强度的门型防护棚（图 1-113、图 1-114），并且防护棚立杆基础必须牢固，顶部使用 5cm 厚的木板搭设间距不小于 60cm 的双层硬顶防护棚，防护棚的整体稳定性要好，不得发生变形、倾斜等现象。为警示起重设备司机，可在防护棚上 1m 间距连续设置颜色鲜艳的小彩旗和36V 电压的红色灯泡。

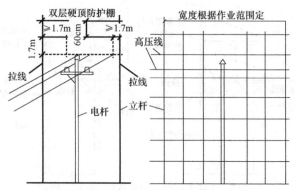

图 1-113 起重吊装跨越外电线路防护

图 1-114 起重吊装跨越外电线路防护实物图

4）室外变压器的防护

① 落地变压器防护

a. 变压器周围要设置围栏，高度不应小于 1.7m。

b. 变压器外廓与围栏或建筑物外墙的净距离不应小于 0.8m。

c. 变压器底部距地面高度不应大于 0.3m。

d. 栅栏的栏条之间间距不应大于 0.2m。

室外变压器的防护，如图 1-115 所示。

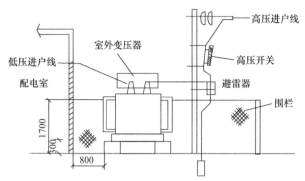

图 1-115　室外变压器的防护

② 架空变压器防护

可采用木杆或钢管加套绝缘管及 5cm 木板，搭设架空变压器的防护架防护屏，如图 1-116 所示。

（a）　　　　　　　　　　　　　（b）

（c）

图 1-116　架空变压器防护屏

（a）变压器防护（正面）；（b）变压器防护（背面）；（c）变压器防护全景

5）穿越外电线路的过路防护

原则上，不得在外电架空线路正下方施工、搭设作业棚、建造生活设施或堆放构件、架具、材料及其他杂物等。

但是施工现场情况复杂，土方开挖、渣土堆土、斜坡改道等情况较多，在外电线路对地距离达不到现行规范要求时，外电线路下方就必须做好相应的防护设施，车辆通过时应有高度限制。外电线路防护设施与外电线路之间的距离应满足最小安全操作距离。具体防护方法，如图1-117所示。

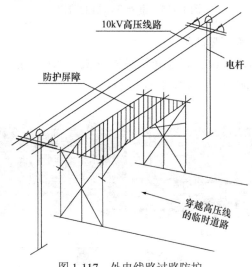

图1-117 外电线路过路防护

2. 防雷

（1）雷电的形成及危害

1）雷电的形成

一般在天气闷热潮湿的时候，大气中的水蒸气受阳光照射，在强烈的上升气流作用下，产生了水滴的分离，在分离过程中形成的微细水滴带负电，其余的极大水滴则带正电。微细水滴随风吹聚形成了带负电的雷云，带正电的雷云在大地表面感应有正电荷。这样雷云与大地之间就形成了一个大的电容器。当电场强度很大时,超过大气的击穿强度时,即发生了雷云与大地间的放电,发生强烈的弧光和声音,这就是我们常说的"闪电"和"打雷"。这就是雷电形成的过程,雷电是大气中的自然放电现象。

2)雷电的危害

雷电的破坏作用基本分为三类:

① 直击雷

接近地面的雷云,当其附近没有带电荷的雷云时就会在地面凸出物上感应异性电荷。当雷云同地面凸出物之间的电场强度达到空气击穿强度时,就会发生击穿放电。这种雷云对地面凸出物直接击穿放电称为直击雷。直击雷的破坏作用,它放电时的电压引起强大的雷电电流通过地面凸出物流入地面中,产生极大的热效应和机械效应,极易引起火灾、房屋倒塌或电气设备绝缘的损坏。

② 感应雷

雷电感应分为电感应和电磁感应两种。雷电感应的形成,是由于雷云接近地面时在地面凸出物顶部感应出大量异性电荷,当雷云与其他雷云或物体放电后,凸出物顶部积聚的电荷顿时失去约束,呈现出高电压雷电流在周围空间产生迅速变化的强磁场,在附近的金属上感应出高电压。感应雷的破坏作用,是雷电流的电磁场剧烈变化或静电荷在金属上、电气线路上的感应引起很高的电压,危及设备和人员的安全。

③ 雷电侵入波

由于雷击,在架空线路或金属管道上产生高压冲击波并沿线路或管道的两个方向迅速传播,侵入室内,这种情况称为雷电侵入波或高电位侵入。雷电侵入波的破坏作用,会对电气设备的绝缘造成危害或使室内金属设施放电,引起破坏作用。

(2)防雷部位的确定

1)结合直击雷的破坏作用,施工现场易受到雷电攻击的部位,应该是施工现场内最高处的塔式起重机、施工升降机和物料提升机以及脚手架等高架设施。

2)结合感应雷的破坏作用,施工现场配电室以及总配电箱的接线端子部位，易受到雷电的攻击。

3）建筑结构易受到雷电攻击的部位，应该是屋角与檐角、屋脊、山墙等。

① 屋角与檐角的雷击率最高。

② 屋顶的坡度越大，屋脊雷击率也越大，当坡度大于40°时，屋檐一般不会受到雷击。

③ 当屋面坡度小于27°，长度小于30m时，雷击点多发生在山墙，而屋脊和屋檐一般不再遭受雷击。

综上所述，施工现场的塔式起重机、施工升降机和物料提升机以及脚手架和正在施工的金属结构，在相邻建筑物、构筑物等设施的防雷装置保护范围以外，需要安装防雷装置。

（3）避雷装置的保护范围

从避雷针的顶端向下60°俯角所覆盖的建筑物、构筑物、机械设备等都处于该避雷针的保护范围内。简单地说，就是以避雷针为轴的直线圆锥体，直线与轴的夹角60°之内，都是避雷针的保护范围（图1-118）。避雷针在地面上的保护半径等于避雷针至自然地面高度的1.5倍。

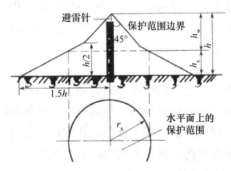

图1-118　单支避雷针的保护范围

（4）防雷装置的设置

1）防雷装置的组成

建筑施工现场的防雷装置一般是由避雷针、引下线和接地体

128

三部分组成。

① 避雷针

避雷针一般用镀锌圆钢或镀锌焊接钢管制成。它通常安装在构架、支柱或建筑物上，其下端经引下线与接地装置焊接。避雷针长度约 1 ~ 2m，可采用不小于 $\phi 16mm$ 的镀锌圆钢制作。

② 引下线

避雷引下线是将避雷针接收的雷电流引向接地装置的导体。引下线可采用不小于 $\phi 8mm$ 的镀锌圆钢。特别强调：不得采用铝质材料作为引下线。

③ 接地体

接地体是将闪电电流导入地下的导体。接地体分为人工接地体与自然接地体，接地体作为与大地土壤密切接触并提供与大地之间电气连接的导体，能够将雷击能量导入大地。

2）防直击雷装置的设置

建筑施工现场的最高点是塔式起重机，在塔式起重机上设置防雷装置，能够满足施工现场的防雷需要。

根据《施工现场临时用电安全技术规范》JGJ 46—2005 中5.4.2 条 2 款、5.4.3 条、5.4.4 条、5.4.7 条规定：

5.4.2 施工现场内的起重机、井字架、龙门架等机械设备，以及钢管脚手架和正在施工的在建工程等的金属结构，当在相邻建筑物、构筑物等设施的防雷装置接闪器保护范围以外时，应按表 5.4.2 规定安装防雷装置。表 5.4.2 中地区年均雷暴日（d）应按本规范附录 A 执行。

施工现场内机械设备及高架设施需安装防雷装置的规定 表 5.4.2

地区年平均雷暴日（d）	机械设备高度（m）
≤ 15	≥ 50
> 15，< 40	≥ 32
≥ 40，< 90	≥ 20
≥ 90 及雷害特别严重地区	≥ 12

当最高机械设备上避雷针（接闪器）的保护范围能覆盖其他设备，且又最后退出现场，则其他设备可不设防雷装置。

确定防雷装置接闪器的保护范围可采用本规范附录B的滚球法。

5.4.3 机械设备或设施的防雷引下线可利用该设备或设施的金属结构体，但应保证电气连接。

5.4.4 机械设备上的避雷针（接闪器）长度应为1～2m。塔式起重机可不另设避雷针（接闪器）。

5.4.7 做防雷接地机械上的电气设备，所连接的PE线必须同时做重复接地，同一台机械电气设备的重复接地和机械的防雷接地可共用同一接地体，但接地电阻应符合重复接地电阻值的要求。

施工现场内利用塔式起重机作为防雷装置，如图1-119所示。

图 1-119 塔式起重机
（a）塔式起重机的防雷装置；（b）塔式起重机重复接地设置

为了充分发挥塔式起重机的防雷作用，必须保证塔式起重机的良好的整体导电性能，因此应注意以下几个问题：

一是塔式起重机的全部架节和平衡臂之间的连接面，必须进行除锈处理并连接紧密，连接面之间不能有缝隙；二是塔式起重机基础里的钢筋，必须绑扎（或焊接）紧密，同时要与固定塔式起重机的基础架节的四个角进行焊接；三是要对安装完成的塔式起重机的接地电阻进行测试，如接地电阻值不能满足要求，必须依附塔式起重机架体设置独立的避雷装置。

3）防感应雷装置的设置

① 施工现场配电室的屋面应装设避雷带，进线和出线处应将架空线绝缘子铁脚与配电室的接地装置相连接，做防雷接地，防止雷电侵入波的切入（图 1-120）。

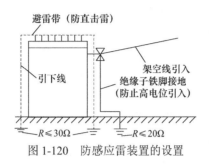

图 1-120　防感应雷装置的设置

② 当采用避雷带保护施工现场各类建筑物的屋面时，要求屋面上任何一点距离避雷带不应大于 10m，当有三条及以上平行的避雷带时，每隔 30 ～ 40m 将平行避雷带连接起来，并要有两根以上的引下线。引下线间距不宜大于 30m，冲击接地电阻不应大于 30Ω。

（5）防雷设置的其他要求

根据《施工现场临时用电安全技术规范》JGJ 46—2005 的有关规定，防雷设置还应满足以下的要求。

1）在土壤电阻率低于 200Ω·m 区域的电杆可不另设防雷接地装置，但在配电室的架空进线或出线处应将绝缘子铁脚与配电室的接地装置相连接。

2）安装避雷针（接闪器）的机械设备，所有固定的动力、控制、照明、信号及通信线路，宜采用钢管敷设。钢管与该机械设备的金属结构体，做可靠的电气连接。

3）施工现场内所有防雷装置的冲击接地电阻值不得大于 30Ω。

1.3.9　了解电工仪表的分类及基本工作原理

由于电"看不见、听不到、闻不出、摸不着"的特殊性，借助于检测仪器对电进行测量，是唯一了解并掌握电的方法。

1. 电工仪表的分类

电工仪表按其特征不同有许多分类方法，通常主要是按测量方式、工作原理的不同进行分类。

（1）电工仪表按测量方式分类

电工仪表按其测量方式不同可分为以下四种基本类型。

1）直读指示仪表

直读指示仪表是利用将被测量值转换成指针偏转角的方式进行测量的一类电工仪表，它具有使用方便、精确度高的优点。例如，500 型万用电表、钳形电流表、兆欧表等均属于直读指示仪表。

2）比较仪表

比较仪表是利用被测量与标准量的比值进行测量的一类电工仪表，常用的比较仪表有 QJ-23 电桥、QS-18A 万用电桥等。

3）图示仪表

图示仪表是通过显示两个相关量的变化关系进行测量的一类电工仪表。常用的各种示波器，如 SC-16 光线示波器、XJ-16 通用示波器等都属于图示仪表。

4）数字仪表

数字仪表是通过将模拟量转换成数字量显示的一类电工仪表，它具有使用方便、精确度高的优点。例如，P28 数字电压表、IM2215 数字万用电表等属于数字仪表。

施工现场所用的电工仪表绝大多数是采用直接方式测量的直读式仪表。

（2）电工仪表按工作原理分类

电工仪表按其工作原理不同，还可分为磁电式仪表、电磁式仪表、电动式仪表、感应式仪表和电子式仪表等。

（3）电工仪表按所测电流分类

电工仪表按所测电流的种类不同，分为直流表、交流表和交直流两用表。施工现场所用的电工仪表绝大部分为交流表。

2．电工仪表的相关常识

（1）仪表面板符号

不同类型的电工仪表，具有不同的技术特性。为了便于选择和使用仪表，通常把这些技术特性用不同的符号标注在仪表的刻度盘或面板上。根据国家现行有关标准的规定，每只仪表应有测量对象单位、准确度等级、工作原理系别、使用条件组别、工作位置、绝缘强度、试验电压和各类仪表的标志。使用仪表时，必须首先看清各种标记，以便正确使用测量仪表。因此，购置或选用电工仪表时，必须认真阅读产品使用说明书和仪表面板的符号，正确选择适用类型、功能和精确度的电工仪表。

（2）电工仪表的技术指标

电工仪表的主要技术指标包括误差、准确度和灵敏度。

1）电工仪表的误差

不论仪表的质量如何，测量值和实际值之间总是有误差的。因此，"误差"是衡量电工仪表准确性的标准，它有以下三种表达形式：

① 绝对误差

绝对误差，即电工仪表指示值与实际值之间的代数差，即指示值－实际值。

② 相对误差

相对误差，即绝对误差与实际值之比的百分数，即绝对误差÷实际值 ×100%。

③ 引用误差

引用误差，即绝对误差与测量仪表上限之比的百分数，即绝对误差 ÷ 测量仪表上限 ×100%。它用来表示仪表的基本误差，即仪表的准确度。

2）电工仪表的准确度

根据测量的准确度或精度的不同，电工仪表可分为七级：0.1、0.2、1.0、1.5、2.5、4.0 和 5.0 级。准确度等级的数字，实际是表示仪表本身在正常工作条件下进行测量时，被测量的最大绝对误差与仪表额定值（满标值）的百分比。

电工仪表准确度的七个等级，对应的最大相对误差分别为：±0.1%、±0.2%、±0.5%、±1.0%、±1.5%、±2.5% 和 ±5.0%。

在正常工作条件下，仪表的最大绝对误差是不变的，即准确度（精度）不变。所以，在满标值范围内，被测量的值越小，相对误差就越大。因此，在选用仪表时，实际被测量值应尽量接近其满标值。但是，实际被测量值也不能太接近满标值，一方面，是因为仪表指针示数不易读出；另一方面，是电路工作状态受干扰而波动，并超出仪表的测量范围（满标值）。

3）仪表的灵敏度和仪表常数

在测量中，被测量变化一个很小数值与引起测量仪表可动部分偏转角的变化量的比值，称为仪表的灵敏度，它反映仪表能够测量的最小被测量值。

灵敏度的倒数称为仪表常数，在直流仪表中，若刻度均匀，常数一般用安 / 格或伏 / 格来表示。

3. 电工仪表的工作原理

建筑施工现场常用的电工仪表，主要有电流表、电压表、功率表、电度表、万用表、兆欧表、接地电阻测试仪和漏电保护器测试仪等。

（1）交流电流表和电压表

电流表和电压表，如图 1-121 所示，是使用最为广泛的电工仪表。电流表是用于测量被测电路（负载）电流的仪表，电压表则是用于测量被测电路（负载）电压的仪表。

施工现场使用的电流表和电压表主要是交流电磁式电流表和电压表，专门用作交流电路电流和电压的测量。这种仪表具有过载能力强、量程大的特点，并且使用方便，读数直观。

1）电流表和电压表的结构及原理

电流表和电压表是根据电流产生的磁场原理，利用磁场力与预设反作用力相平衡的关系而制作的一种电工仪表。

（a）　　　　　　　　　（b）

图 1-121　交流电压表电流表

（a）电压表；（b）电流表

电流表和电压表的主要结构，是在仪表的线圈中放置两个铁片，一个铁片是固定的，称为固定铁片，另一个铁片与指针连接在一起，并且可以绕固定轴转动，称为活动铁片，它们一起构成仪表的电磁部分。当线圈中有被测电流通过时，就会使铁片磁化，由于同性磁极互相排斥，动铁片在定铁片排斥力矩作用下带动指针偏转。当动、定铁片的排斥力矩与预设反作用力矩相平衡时，指针便稳定在一个平衡位置上，其指示数即为被测量值。

2）交流电流表的使用原则

① 只能测量交流电路的电流量。

② 与被测电路（负载）串联，如果将电流表与被量电路（负载）并联，将导致电流表被烧毁。

③ 一般只用于直接测量 200A 以内的电流值，否则借助电流互感器测量大电流，并注意以下三个问题：

a. 电流互感器的原绕组应串入被测电路中，副绕组与电流表串接。

b. 电流互感器的变流比应大于或等于被测电流与电流表满标值之比，以保证电流表指针在满偏刻度之内。

c. 电流互感器的副绕组必须通过电流表构成回路和接地。在任何情况下，其副绕组不得开路。

必须注意的是：交流电流表与直流电流表的结构原理不同，尤其是直流电流表还有"＋"、"－"极性问题，所以二者不能混用。

3）钳形电流表

① 钳形电流表的结构

钳形电流表是一种将电流互感器和电流表头安装在一起的组合电流表，如图1-122（a）所示。其中，卡钳就是电流互感器的铁芯部分，原绕组就是被测电路的导线，副绕组装于表内。使用时，必须将被测截流导线卡于卡钳夹口内，等夹口封闭后从表头上读取被测电流值。应该注意：不能同时夹住两根或三根导线测量电流，如图1-122（b）所示。

（a）　　　　　（b）

图 1-122　钳形电流表

（a）钳形电流表；（b）测试操作

② 钳形电流表使用时的注意事项

a.被测线路的电压不能超过钳形表规定的使用电压，避免绝缘层被击穿造成人身触电。

b.不可用小量程去测大电流，测量前应估算被测量电流的大小，选择适当的量程。

c.每次测量时只能钳入一根线，测量时应将被测导线置于钳口中间部位，提高准确度。

d. 测量结束后，应将量程调节开关调到最大量程，以便下次安全使用。

4）交流电压表的使用原则

① 只能用于交流电路电量的测量。

② 与被测电路（负载）并联，如果将电压表与被测量电路（负载）串联，将不能进行测量。

③ 一般只能测量 500V 以下的电压值，否则借助电压互感器测量更高的电压，并注意以下三个问题：

a. 电压互感器的原绕组应并接于被测电路两端，副绕组与电压表并接。

b. 电压互感器的变压比应大于或等于被测电压与电压表满标值之比，以保证电压表指针在满标值刻度内。

c. 电压互感器的铁芯和副绕组的一端必须接地，这是为了防止因高压原绕组对低压副绕组和铁芯的电感应或漏电使副绕组、铁芯、电压表呈现对地高压，从而危及操作人员安全。另外，电压互感器的副绕组如果短路，将烧毁电压互感器。

必须注意的是：交流电压表和直流电压表的结构、原理有所不同，直流电压也有"＋"、"－"极性问题，所以二者不能混用。

（2）交流电度表（电能表）

交流电度表，是专门用以计量被测交流电路电能量的电工仪表。交流电度表按相数，分为单相与三相两种：按测量对象，又分为有功电度表与无功电度表，无功电度表通常都制造成三相的形式。

1）交流电度表的结构及原理

交流电度表大都是感应式仪表，表中有叠片铁芯，铁芯绕有几个线圈，在铁芯缺口处放入一个或数个铝转盘构成仪表的电磁部分，铝转盘旁边设置永久磁铁产生反作用力矩。

当铁芯上各线圈通入被测交流电流时，将使铁芯磁化，气隙处便有交变磁通。此磁通穿越铝转盘，在铝盘上产生涡流。此涡流使铝盘在交变磁场中产生力矩而旋转。当转动力矩与反作用力矩平衡时，铝盘将匀速旋转，其计数机构计入铝盘转数的累积值，用于表示电能量的大小，并用数字显示。

2）电度表的使用规则

① 接线中，相线和零线不能对调。

② 应按正相序（A、B、C）接线，否则在电度表盘正转的情况下，产生附加误差；零线一定要入表，否则由于中性点位移而引起较大的误差；零线与三根相线不能接错，否则除造成计量差错外，电度表的电压线圈还可能被烧毁；电流互感器二次侧不能接地，否则会形成短路事故。

③ 无功电度表接线中，因有两组电流线圈，接线较复杂，一定要按线路顺序连接。

单相电度表，如图 1-123 所示。三相四线有功电度表，如图 1-124 所示。

（3）万用表

万用电表是电气工程中常用的便携式多功能、多量程仪表，主要用于测量电路的电流、电压和电阻，简称万用表。

1）万用表的结构及原理

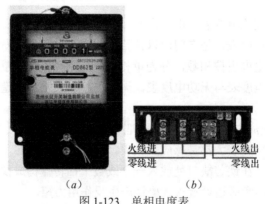

（a）　　　　　　　　　　（b）

图 1-123　单相电度表

（a）单项电度表；（b）接线示意图

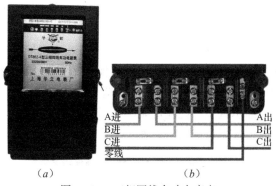

图 1-124　三相四线有功电度表

（a）三相四线电度表；（b）接线示意图

万用表的表头大部分是磁电式（动圈式）结构，其核心部分是在永久磁铁的气隙磁场中放置一个可动线圈。当在线圈中通入电流时，该载流可动线圈便在磁场中受电磁力矩作用而带动指针偏转，当电磁力矩与预设弹簧生产的反作用力矩平衡时，指针停止偏转，此时指针偏转角度的大小即表示被测量值。

2）万用表的使用规则

① 测量电压时将万用表并联接入电路，测量电流时将万用表串联接入电路，测量直流电时要注意正负极性。

② 测量转换开关应调整到相应的档位上，选择量程时应由大到小位置适当。

③ 测量电压、电流时，应使指针指在标度尺 1/2 ～ 1/3 以上的位置；测量电阻时，应选择在刻度较稀的位置和中心点。转换量程时，应将万用表从电路上取下后，再转动转换开关。

④ 测量电阻时，应切断被测电路的电源。

⑤ 测量直流电流或电压时，应将红色表棒插在红色或标有"＋"的插孔内，另一端接被测对象的正极；黑色表棒插在黑色或标有"－"的插孔内，另一端接被测对象的负极。

⑥ 万用表不使用时，应将转换开关调整到交流电压最高量限挡或关闭挡。

⑦ 表内电池应及时更换，如电池电量不足，将影响测量的准确度。

3）万用表的选用

传统的万用表是指针式万用表，如图 1-125 所示。数字式万用表是 20 世纪 70 ～ 80 年代研发的新型电工仪表，它具有测量准确度高、显示直观、性能可靠、小巧轻便、操作简单、功能多等优点，建议使用数字式万用表（图 1-126）。

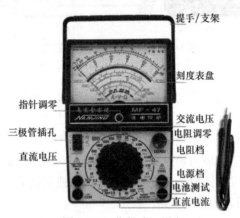

图 1-125　指针式万用表

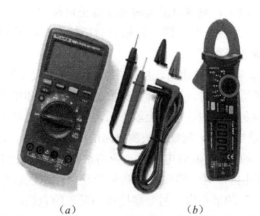

（a）　　　　　　　　（b）

图 1-126　数字式万用表
（a）直板形；（b）钳形

在这里需要特别说明的是，万用表所使用的电源电压较低，绝缘物质在电压较低时不易击穿，所以它所测得的绝缘电阻值，只能作为参考。施工现场电气设备一般要接在较高的工作电压上，测量额定电压在 500V 及以上的电气设备的绝缘电阻时，必须选用 1000～5000V 的兆欧表，测量 500V 以下电压的电气设备绝缘，应选用 500V 的兆欧表为宜。

（4）兆欧表

兆欧表又称绝缘摇表（图 1-127），主要用来测量电机、电器、配电线路等电气设备高阻值的绝缘电阻。作用是判断电气设备或线路是否漏电、绝缘损坏或短路等。

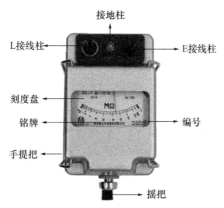

图 1-127　指针兆欧表

1）兆欧表的结构及原理

兆欧表的主要组成部分是一个磁电式流比计和一个作为测量电源的手摇高压直流发电机，与兆欧表表针相连的有两个线圈，一个同表内的附加电阻串联，另一个和被测的电阻串联，然后一起接到手摇发电机上。当手摇动发电机时，两个线圈中同时有电流通过，在两个线圈上产生方向相反的转矩，表针就随着两个转矩的合成转矩的大小而偏转某一角度，这个偏转角度决定于两个电流的比值，附加电阻是不变的，所以电流值仅取决于待测电阻的大小。

2）兆欧表的使用规则

① 兆欧表的电压等级应与被测电气设备的电压等级相适应，不能用电压等级高的兆欧表测量额定电压等级低的电气设备绝缘电阻，否则易将绝缘击穿。

② 测量电气设备的绝缘电阻前，应先切断被测电气设备的电源，然后对设备进行放电（用导线将设备与大地连接），确保测量人员的安全和测量结果的准确。

③ 表的测量引线必须采用绝缘良好的单根导线，两根测量引线应充分分开，并且不得与被测设备的其他部分接触。

④ 测量前，未接线前转动摇表做开路试验，确定指针应指向"∝"，再将（E）和（L）两个接线柱短接，慢慢地转动摇柄，使指针指向"0"位。两项检查的指针指向正确时，说明摇表的性能完好。

⑤ 采用手摇发电机的兆欧表，手摇速度由低向高逐渐提升，并保持在 120r/min 左右，测量过程不得用手接触被试物和引线接线柱，以防触电。

⑥ 测量具有大电容的电气设备（如电力变压器、电力电缆等）的绝缘电阻，只有在读取数值后，并断开（L）端连接的情况下，才能停止转动摇柄，防止电缆、设备等反向充电而损坏摇表。

⑦ 遇有降雨或潮湿天气，应使用保护环来消除表面漏电。

⑧ 摇表测量完后，应立即对被测物体放电，在摇表的摇柄未停止转动前和被测设备未放电前，不可用手接触被测设备的测量部分。

3）数字兆欧表

① 概念

数字兆欧表，是指液晶显示屏能够直接显示检测数值的兆欧表。由集成电路组成。本表输出功率大，短路电流值高，输出电压等级多（每种机型有四个电压等级）。

② 工作原理

由机内电池作为电源经 DC/DC 变换产生的直流高压由 E 极

出经被测试物体到达 L 极，从而产生一个从 E 极到 L 极的电流，经过 I/V 变换经除法器完成运算直接将被测的绝缘电阻值在 LCD 屏上显示出来。本表摒弃传统的人工手摇发电工作方式，采用先进的集成电路，应用 DC/AC 变换技术将三端钮、四端钮测量方式合并为一种机型的新型接地电阻测量仪，属于升级换代型产品。

③ 适用范围

本表适用于电力、邮电、铁路、通信、矿山等部门测量各种装置的接地电阻以及测量低电阻的导体电阻值；本表还可测量土壤电阻率及电压。

数字兆欧表，如图 1-128 所示。

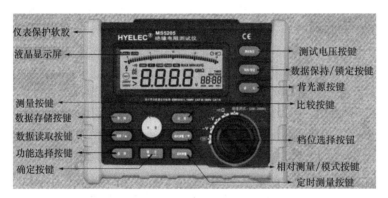

图 1-128　数字兆欧表

（5）接地电阻测试仪

接地电阻测试仪目前有两种形式，一种是传统的接地电阻测试仪俗称"接地摇表"，是测量接地电阻的专用仪表，主要用于测量各种接地装置的接地电阻和一般低阻值超导体电阻。

另一种是数字接地电阻测量仪，它是采用先进的集成电路，应用 DC/AC 变换技术的新型接地电阻测量仪。

为了保证学员们了解先进的电工仪表动态而提高操作水平和效率，本书中我们主要介绍数字接地电阻测试仪。

1）接地电阻测试仪的结构及原理

由机内 DC/AC 变换器将直流变为交流的低频恒流，经过辅助接地极 C 和被测物 E 组成回路，被测物上产生交流压降，经辅助接地极 P 送入交流放大器放大，再经过检测送入表头显示。借助倍率开关可得到三个不同的限量值：0 ～ 2Ω、0 ～ 20Ω、0 ～ 200Ω。

2）接地电阻测试仪的使用规则

① 接地线路要与被保护设备断开，以保证测量结果的准确性。

② 测试宜选择土壤电阻率大的时候进行，如初冬或夏季干燥季节时进行。

③ 被测地极附近不能有杂散电流和已经极化的土壤，下雨后或土壤水分过多时，以及气候、温度、压力急剧变化时不能测量。

④ 探测针应远离地下水管、电缆、铁路等较大金属体，其中电流极应远离 10m 以上，电压极应远离 50m 以上，如上述金属体与接地网没有连接时，可缩短距离 1/2 ～ 1/3。

⑤ 电流极插入土壤的位置不能有电解物质，接地棒应处于零电位的状态。连接线应使用绝缘良好的导线，以免有漏电现象。

⑥ 当检流计灵敏度过高时，可将电位探针电压极插入土壤中浅一些，当检流计灵敏度不够时，可沿探针注水使其湿润。

⑦ 接地电阻测试仪应保存在室内温度 0 ～ 40℃，相对湿度不超过 80%，且在空气中不能含有足以引起腐蚀的有害物质的环境中。

各种形式的数字接地电阻测试仪，如图 1-129 所示。

图 1-129　各种形式的数字接地电阻测试仪

（6）漏电保护器测试仪

漏电保护器测试仪，主要用于测试漏电保护器的漏电动作电流、漏电不动作电流以及漏电动作时间。单相、三相漏电保护器均可测试。

1）测试仪主要技术性能

① 显示功能

三位半液晶数字显示，同时有自动暂存、锁定、复零、溢出、电池更换指示及熔丝熔断指示。

② 交流漏电流测量

检测范围为 0 ~ 500mA（配 500mA 熔断体）；准确度等级为 1.0，分辨为：1mA。

③ 可调交流漏电流测量

检测范围，B 型为 5 ~ 100mA、100 ~ 200mA；C 型为 5 ~ 100mA、100 ~ 200mA、200 ~ 300mA。

④ 交流电压测量范围

为 0 ~ 450V；准确度等级为 1.5，分辨为 1V。

⑤ 分段时间测量范围

为 5 ~ 1000ms；误差为 ±10%，分辨为 1ms。

⑥ 电源

为 DC9V±1V，功耗小于 20 mW。

⑦ 使用条件

a. 温度 0 ~ 4℃，极限条件－10 ~ 50℃。

b. 湿度 0℃时（20% ~ 75%）RH。

c. 频率 50±2.5Hz。

d. 海拔不超过 2000m。

e. 使用时应避免外界强电、磁场影响，并避免阳光直射和腐蚀性气体等有害环境。

2）测试仪工作原理

以 M9000 漏电保护器测试仪为例，展示工作原理，如图 1-130 所示。

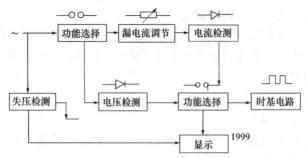

图 1-130　M9000 漏电保护器测试仪工作原理图

3）测试仪接线

以 M9000 漏电保护器测试仪为例，接线方法，如图 1-131 所示。

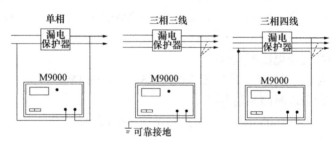

图 1-131　M9000 漏电保护器测试仪接线方法

4）测试仪使用方法

① 漏电保护器动作电流

a. 按下"mA"挡开关，将（mA）调节旋钮逆时针方向旋到底打开电源开关。

b. 按接线图 1-131 接好线，注意按保护器种类和动作电流值大小的不同，仪器后盖上的量程转换开关推至 100mA 端或 200mA 端（B 型）或 300mA（C 型）。

c. 合上被测漏电保护器开关，此时显示屏开始显示模拟漏电流值。

d. 顺时针方向均匀慢速转动（mA）调节旋钮直至漏电保

护器动作，此时显示屏上显示的即为动作电流值，单位为毫安（mA），数值暂存数秒钟后自动复零。

e. 逆时针方向将（mA）调节旋钮旋转到底。

f. 若需重测，合上漏电保护器开关，重复 c、d、e 操作。

g. 检测完，及时将测试线脱离交流电路，关闭电源开关，按键开关复位，量程转换开关推至 100mA 端。

② 漏电保护器分断时间

a. 按下"ms"挡开关，将（mA）调节旋钮旋至面板刻度上额定动作电流值，（根据额定动作电流值大小，将后盖板上的转换开关量程位置与面板上的量程值相匹配）打开电源开关。

b. 按接线图 1-131 接好线。

c. 合上被测漏电保护器开关。

d. 按下"模拟"（触电）按钮，此时显示屏显示的即为分断时间值，单位为毫秒（ms），数值暂存数秒钟后自动复零。

e. 若需重测，重复 c、d 操作。

f. 检测完，及时将测试线脱离交流电路，关闭电源开关，逆时针将（mA）调节旋钮转到底，按键开关复位，量程转换开关推至 100mA 端。

1.3.10　掌握常用电工工具的使用

电工工具是建筑电工进行电气操作需要的基本工具，而且必须掌握电工常用工具的结构、性能和正确的使用方法。常用的电工工具主要包括试电笔、电工刀、螺丝刀、钢丝钳、尖嘴钳、斜口钳、剥线钳等。

1. 试电笔

试电笔也称验电笔，简称电笔。它是用来检验导线、电器和电气设备的金属外壳是否带电的一种电工工具。试电笔通常做成钢笔式结构，有的也做成小型螺丝刀结构。试电笔由探头、电阻、观察孔、氖管、笔身、弹簧和金属端盖等组成。其基本结构如图 1-132 所示。测试时如果氖管发光，说明导线有电。使用时，必须手指触及笔尾的金属部分，并使氖管小窗背光且朝自己，方便观察氖管的亮暗程度，防止因光线太强造成误判断。

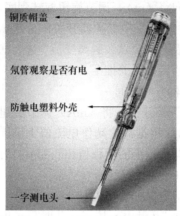

铜质帽盖

氖管观察是否有电

防触电塑料外壳

一字测电头

图 1-132 试电笔的基本结构

当用电笔测试带电体时，电流经带电体、电笔、人体及大地形成通电回路，只要带电体与大地之间的电位差超过 60V 时，电笔中的氖管就会发光。常用的低压测电器检测的电压范围为 6 ～ 380V。

使用试电笔时，应注意以下事项：

（1）使用前，必须在有电源处对试电笔进行测试，以证明该试电笔确实良好，方可使用。

（2）验电时，应使试电笔逐渐靠近被测物体，直至氖管发亮，不可直接接触被测体。

（3）验收时，手指必须触及笔尾的金属体，否则带电体也会误判为非带电体。

（4）验电时，要防止手指触及笔尖的金属部分，以避免造成触电事故。

近年来，还出现了液晶数显感应试电笔和既能测试断路又能测试电压的多功能试电笔。如图 1-133 所示的新型试电笔，即可检查控制线、导体和插座上的电压数值，既灵敏又安全。

（a） （b）

图 1-133 数显试电笔

（a）数显测电笔；（b）多功能试电笔

2. 电工刀

电工刀是电工常用的一种切削工具，如图 1-134 所示。主要用于切削导线的绝缘层、电缆绝缘皮、木槽或木板等。有的电工刀上带有锯片和锥子，可以来锯小木片和锥孔。

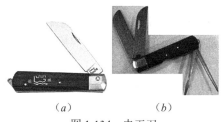

（a） （b）

图 1-134 电工刀

（a）单功能电工刀；（b）多功能电工刀

使用电工刀时，应注意以下事项：

（1）电工刀必须有绝缘保护，禁止带电作业，避免触电。

（2）剖削时刀口向外侧并向没有人的方向，防止误伤自己或他人。

（3）剖削导线绝缘层时，应使刀面与导线成较小的锐角，以免割伤导线。

（4）避免切割坚硬的材料，保护刀口。

（5）使用完毕后，应将刀身及时折进刀柄。

3. 螺丝刀

螺丝刀是一种用来放松或紧固螺丝就位的工具，由刀头和手柄组成，如图 1-135 所示。刀头形状有一字形或十字形两种。

图 1-135　螺丝刀

使用螺丝刀时，应注意以下事项：

（1）螺丝刀较大时，除大拇指、食指和中指要夹住握柄外，手掌还要顶住手柄末端，防止动作时滑脱。

（2）螺丝刀较小时，除用大拇指和中指夹住握柄，同时用食指顶住柄的末端再动作。

（3）螺丝刀较长时，用右手压紧手柄并转动，同时左手握住螺丝刀的中间部分（不可放在螺丝杆周围，避免伤手），防止螺丝刀滑脱。

（4）带电作业时，手不可触及螺丝刀的金属部位，避免发生触电。

（5）应在螺丝刀的金属杆上加装绝缘套管，带电作业时戴好绝缘手套。

4. 钢丝钳

钢丝钳，主要用于夹持或弯折薄片形、圆柱形金属零件及切断电源线，如图 1-136 所示。在作业时，钳口可用来弯绞或钳夹导线线头；齿口可用来紧固或起松螺母；刀口可用来剪切导线或钳削导线绝缘层；侧口可用来铡切导线线芯、钢丝等较硬的金属线。

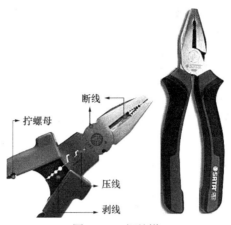

图 1-136　钢丝钳

使用钢丝钳时，应注意以下事项：

（1）使用前，检查钢丝钳绝缘是否良好，避免带电作业。

（2）使用时，注意保护绝缘套管，防止破损失去绝缘作用。

（3）在带电剪切电线时，不得用刀口同时剪切两根线（相线与零线、相线与相线），防止发生短路。

（4）不可将钢丝钳当锤子使用，以免刃口错位、转轴失灵，造成损坏。

5．尖嘴钳

尖嘴钳是进行仪表及电气设备维修的常用工具，如图 1-137 所示。因其头部尖细，适用于在狭小的工作空间操作。

图 1-137　尖嘴钳

尖嘴钳可用来剪断较细的导线，夹持较小的螺钉、螺帽、垫片、导线等；也可用来对单股导线进行平直或弯曲的整形，以及给导线接头弯圈、剥削绝缘皮等。

使用尖嘴钳带电作业前，应检查绝缘是否良好，作业时金属部分不要触及人体或邻近的带电体。

6. 斜口钳

斜口钳是在电工作业中专门用于剪断各种电线、电缆的专用工具，如图 1-138 所示。对于不同线径和硬度的电源线进行剪断时，应选用大小合适的斜口钳。

图 1-138　斜口钳

7. 剥线钳

剥线钳是专用于剥削较细小导线绝缘层的工具，如图 1-139 所示。

剥线钳钳口分有 0.5 ～ 3mm 的多个直径切口，使用时应选择相同规格的线芯直径切口，否则切口过大难以剥离绝缘层，切口过小又会切断线芯。剥削导线绝缘层时，先将剥削的绝缘长度定好，然后将导线放入相应切口中，再握紧钳柄使导线绝缘层剥离。

图 1-139　剥线钳

8．扳手

扳手按形式可分为活动扳手或开口扳手等。

（1）活动扳手

活动扳手又叫作活扳手，是一种旋紧或拧松螺栓的工具。活扳手由呆扳唇、活扳唇、蜗轮、轴销和手柄组成，如图 1-140 所示。建筑电工常用的活扳手有 200mm、250mm、300mm 三种，使用时根据螺栓的大小来选配。

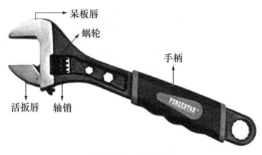

图 1-140 活扳手

使用活扳手时，应注意以下几点：

1）扳动小螺母时，因需要不断地转动蜗轮，调节扳口的大小，所以手应靠近呆扳唇，并用大拇指调制蜗轮，以适应螺母的大小。

2）活扳手的扳口夹持螺母时，呆扳唇在走，活扳唇在下，切不可反过来使用。

3）在扳动生锈的螺母时，可在螺母上滴几滴煤油、柴油或机油。

4）在拧不动时，切不可采用钢管套在活扳手的手柄上增加扭力，因为这样极易损伤活扳唇。

5）不得把活扳手当锤子用。

（2）其他日常使用的扳手

1）开口扳手

开口扳手也称呆板手，俗称板扳手。它有单头和双头两种，开口是和螺钉头、螺母尺寸相适应，并根据标准尺寸做成一套。开口扳手如图 1-141 所示。

图 1-141　开口扳手

2）整体扳手

整体扳手俗称眼镜扳手，形状有正方形、六角形、十二角形。其中梅花扳手在建筑电工中普遍使用，它只要转过 30°，就可以改变转动方向，方便于狭窄的地方工作。整体扳手如图 1-142 所示。

图 1-142　整体扳手

3）套筒扳手

套筒扳手是由一套规格不同的梅花筒扳手组成，使用时用弓形手柄连续转动，工作效率较高。套筒扳手如图 1-143 所示。

图 1-143 套筒扳手

9. 电烙铁

电烙铁是建筑电工进行电器维修时不可缺少的工具，主要用于焊接电器元件及导线。电烙铁按结构可分为内热式和外热式两种，按功能可分为焊接用和吸锡用两种。

（1）电烙铁的构造

电烙铁由发热器、储热器、手柄和电源线组成，如图 1-144（a）所示。发热器由云母或陶瓷绝缘体上缠绕高电阻系数的金属材料构成，作用是将电能转换成热能。电烙铁的储热器是烙铁头，一般采用密度较大和比热较大的铜或铜合金做成，烙铁头有多种形式，可根据用途选用，如图 1-144（b）所示。手柄一般采用木质材料、胶木或耐高温材料制作。由于专利技术的广泛应用，传统的电烙铁也不断更新换代。传统电烙铁与新型恒温电烙铁，如图 1-145 所示。

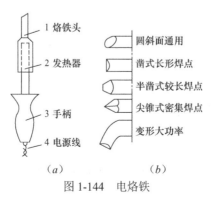

（a）　　　　　　　　（b）

图 1-144　电烙铁

155

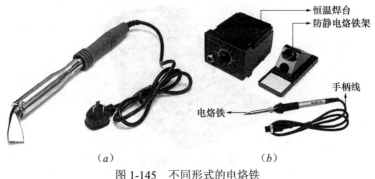

图 1-145 不同形式的电烙铁
（a）传统的电烙铁；（b）新型恒温电烙铁

（2）电烙铁的使用

电烙铁初次使用时，首先应给电烙铁头挂锡，便于日后蘸锡焊接。挂锡的方法是先将电烙铁头表面清理干净，通电后待烙铁头温度上升到一定程度时，将焊锡放在烙铁头上熔化，使烙铁头表面挂上一层锡。挂锡后的烙铁可以随时使用。

用电烙铁焊接时，除了必须有焊锡作焊料之外，还应有消除焊接物表面和焊锡杂质的助焊剂（松香或焊锡膏，俗称焊油）。焊锡膏腐蚀性较强、不绝缘，不适用电器元件的焊接。焊接面积较大的金属构件时，焊锡用量不宜过多，焊接完成后应使用酒精棉球将焊接部位擦干净，避免残留焊锡膏腐蚀焊点和部件。

使用电烙铁时，应注意以下事项：

1）使用前应检查电源线是否良好，有无烫伤。

2）选用合适的焊锡，选用焊接电子元件用的低熔点焊锡丝。

3）焊接时间不宜过长，避免烫坏元件，必要时可用镊子夹住元件帮助散热。

4）焊点应呈正弦波峰形状，表面应光亮圆滑、无锡刺，锡量应适中。

5）焊接完成后，用酒精清洗干净线路板上残余助焊剂，防止炭化后的助焊剂影响电路正常工作。

6）焊接完毕，应拔去电源插头，将电烙铁放置于金属支架上，防止烫伤或火灾的发生。

10．压线钳

压线钳是施工现场主要用于小面积铜或铝端子的压接工具，适用配电箱及电动机械电源线的接线。压线钳种类较多，压接范围较广，能保证压线牢固、电气连接良好。一种常用的压线钳，如图1-146所示。

图1-146　绝缘端子专用压线钳

压线钳的使用方法如下：

（1）导线剥线去绝缘皮，裸线长度应与压线片的压线部位等长。

（2）压线片的开口方向正对压线槽放入，并使压线片尾部的金属带与压线钳平齐。

（3）导线插入压片，对齐后压紧。

（4）压线片取出，观察压线的效果，掰掉压线片尾部的金属带即可使用。

1.3.11　掌握施工现场临时用电安全技术档案的主要内容

1．临时用电安全技术档案的主要内容

根据《施工现场临时用电安全技术规范》JGJ 46—2005规定，施工现场临时用电必须建立安全技术档案，并应包括八项内容：用电组织设计的全部资料、修改用电组织设计的资料、用电技术交底资料、用电工程检查验收表、电气设备的试\检验凭单和调试记录、接地电阻/绝缘电阻和漏电保护器漏电动作参数测定记录表、定期检（复）查表、电工安装/巡查/维修/拆除工作记录。

（1）用电组织设计的全部资料

用电组织设计的全部资料，首先是经过审批合格并且完整的"临时用电组织设计"，其次是现场勘察的全部资料和配电室的设计资料。

（2）修改用电组织设计的资料

修改用电组织设计的资料，是指经过审批合格并且完整的"修改用电组织设计"，其次是补充的相关图纸资料。

（3）用电技术交底资料

1）用电技术交底的要求

由编制"临时用电组织设计"的电气技术人员，结合"临时用电组织设计"的具体内容，向临时用电工程施工的建筑电工等有关人员，对技术要求复杂、重要节点部位的设置、实际操作容易出现问题的重要内容，进行有针对性的技术交底。

技术交底资料应采用表格形式，明确交底日期、交底地点、交底内容，交底人与接受交底人双方要签字确认，现场安全管理人员监督交底工作，一并在交底记录上签字确认。

2）用电技术交底的主要内容

① 根据用电工程总平面图，向施工人员明确施工现场临时用电线路的整体走向。

② 配电室建筑设计要求、配电室内的布置要求、总配电箱的位置及安装要求、外电线路接入总配电箱的要求、总配电箱部位重复接地的要求、配电室部位的防火措施要求、配电室的管理要求。

③ 配电线路中电源（缆）线的规格与型号要求和敷设要求、三级配电箱（含箱内电器元件规格与型号）的要求和设置要求、设置重复接地的部位和重复接地设置的要求、用电图纸的种类和使用要求。

④ 照明灯具的选用与各部位照明安装的要求。

⑤ 防雷装置设置的要求。

⑥ 包括外电线路、变压器、线路敷设、配电箱、用电设备

的防护措施设置要求。

⑦ 电气防火措施的设置要求。

⑧安全用电措施的具体内容和落实要求。

⑨安全用电的注意事项。

（4）用电工程检查验收表

根据《施工现场临时用电安全技术规范》JGJ 46—2005 第 **3.1.5 条规定："临时用电工程必须经编制、审核、批准部门和使用单位共同验收，合格后方可投入使用。"**

临时用电工程是随着用电设备的增加而进行的分段设置，因此对于用电工程的验收是局部施工完成后，应由编写"临时用电组织设计"的电气技术人员、建筑电工、现场安全管理人员、项目负责人共同验收，验收合格后方可投入使用。验收内容，应以完成的临时用电工程的实际与"临时用电组织设计"和"用电技术交底"是否符合为主。验收表格应结合"临时用电组织设计"和"用电技术交底"进行设计，验收表格的名称应为《临时用电工程检查验收表》，参加验收的相关人员均应签字确认验收结果。

对于检查验收中存在的问题，应限期整改完成后，相关人员应再次验收，验收时填写《临时用电工程检查验收表》。

（5）电气设备的试\检验凭单和调试记录

按照《施工现场临时用电安全技术规范》JGJ 46—2005 中的条文说明规定："电气设备的试\检验凭单和调试记录"应由设备生产厂提供，或由专业维修者提供。

电气设备的试\检验凭单和调试记录，主要是指购置电气设备的产品合格证、产品使用说明书、维修保养记录等。

（6）接地电阻/绝缘电阻和漏电保护器漏电动作参数测定记录表

1）接地电阻测试记录

接地电阻测试记录，应分别记录用电工程各接地装置接地电阻的各次测试时间、测试人、测定值及使用的测试仪器。中性点接地、重复接地、避雷接地装置电阻数值，必须满足《施工现场临时用电安全技术规范》JGJ 46—2005 的有关规定。

2）绝缘电阻测试记录

绝缘电阻测试记录，应记录被测试电气设备的名称、型号、编号、绝缘电阻值、测试时间、测试人和测试仪器。相间、对地，一次、二次绕组绝缘电阻值应根据设备性能、使用环境不低于最低极限规定要求，以判别绝缘是否良好。测试时间一般每月一次，由建筑电工来进行，并填好实测记录。若电阻测试值小于其最低极限值，设备就要停止使用，进行检查、维修，否则继续使用可能引发事故。所以，极限值的检测特别重要。

3）漏电保护器测试记录

漏电保护器测试记录，应记录漏电保护器所在配电装置的名称、编号、测试数据、测试时间、测试人和测试仪器等。测试时间一般每周一次，由建筑电工来进行，并填好实测记录。如漏电保护器的实测数据大于《施工现场临时用电安全技术规范》JGJ 46—2005 的有关规定，应立即检修合格或更新后使用，否则严禁使用。

（7）定期检（复）查表

定期检查、复查表，是指施工现场对临时用电工程进行检查、复查的记录表。用电检查应制定管理制度，检查人员由建筑电工和现场安全管理人员组成，采用定期或不定期方式进行，检查的重点是影响现场用电的安全因素，检查的主要项目有外电防护、三级配电、二级保护、配电线路、配电装置等。检查结果要形成书面记录，对于存在用电安全的隐患，要按"三定"原则进行整改。

定期检查、复查表中应完整记录各项内容，检查、复查时间、检查、复查工程项目名称，检查、复查人，以及检查、复查结论等。

（8）电工安装 / 巡查 / 维修 / 拆除工作记录

电工安装、巡检、维修、拆除工作记录，是指建筑电工对用电工程承担的正常工作记录。各项记录必须做到及时、如实、完整，并同时注明记录时间和记录人。

2．用电安全技术档案管理

用电安全技术档案应由主管该工程项目的电气技术人员负责建立与管理。其中"电工安装、巡检、维修、拆除工作记录"可指定建筑电工代管，每周由项目负责人审核认可，并应在临时用电工程拆除后统一归档。

1.3.12 熟悉电气防火措施

电气设备火灾和爆炸事故，在火灾和爆炸事故中占有很大比例，电气原因引起电气火灾的仅次于一般明火。特别是电气设备与可燃物接触或接近时，引起火灾的危险性更大。

1．施工用电的电气起火分析

（1）线路起火

在配电线路方面引起的火灾，除了安装、设计和施工方面原因外，在运行中电流的热量和电流的火花是引起火灾事故的直接原因。

1）短路

相间短路、对地短路、匝间短路等，都会造成电流成几倍或几十倍增加，造成电气设备和线路急剧发热。

2）过载

由于设计不合理或使用不当，造成热量长时间积累而电气设备或线路温度升高。

3）接触不良

导线连接不好、铜铝金属的电解作用、活动触头压力不够、接线螺丝松动、导电接合面锈蚀等都会造成接触电阻增加，接触部分过热，温度升高过快。

4）铁芯发热

铁芯截面不够，硅钢片绝缘破坏，长时间过高电压使磁滞和涡流损耗增加，没有正常使用，铁芯热量积累而温度升高。

5）散热不良

电机电器在工作时都考虑了一定的空气对流，以达到散热目的，如电机的风扇、电器的散热孔、晶体管的散热片等。一旦这些作用被破坏，则容易造成温度过高。另外，例如碘钨灯的表面温度可达 $500 \sim 800℃$，如果散热条件不好、使用时间长、造成短路，很容易引起火灾。

6）私接乱拉电线

造成线路绝缘的损坏，或在易燃的火灾危险场所乱拉电线，当绝缘损坏造成漏电和短路时引起火灾。

（2）电火花和电弧

电火花是击穿放电现象，而大量的电火花汇集形成电弧。电火花和电弧都会产生很高的温度，在易燃易爆场所它是一个重大危险源。

1）工作火花，是指有些电器设备正常工作时产生的火花，如触点闭合和断开过程、整流子和滑环电机的炭刷处、插销的插入和拔出、按钮和开关的断合过程等。

2）静电火花，是指线路、电器故障引起的火花，如熔断器熔断时的火花、过电压火花、电机扫膛火花、静电火花等。

3）事故火花，是指带电作业操作失误引起的火花等。

无论是正常火花还是事故火花，在防火防爆环境中都要限制和避免。

4）电弧，是指白炽灯点燃时破裂、充电器充电时爆炸等。

（3）电气设备起火

1）照明灯具安装在木结构、竹结构甚至竹笆、席子上，灯泡功率大，紧靠支持物，易燃易爆物被烤焦而引发火灾。

2）木制配电箱、开关箱中，将开关电器直接安装在木质配电板上，当开关电器发生过载、短路故障时引起燃烧。

3）手持电动工具、行灯、电气设备使用时靠近易燃物会引起火灾。

4）配电室建在易燃物附近、室内堆放易燃、易爆物品（汽油、柴油）而引发火灾。

5）自备发电机与储存的燃油不设隔离，易引起火灾。

6）油漆、汽油等易燃物或液体容器放在电机、电器旁，氧气、乙炔瓶靠近电气设备易引发火灾。

电气开关、电动设备在正常运行中就会产生火花，所以上述情况所产生的危险源或安全隐患，在违反操作规程的情况下会引起火灾。

2．电气防火措施

防火、防爆措施必须是综合性的措施，首先从组织措施入手，建立必要的电气防火管理制度、教育制度和检查制度。其次从电气防火的技术措施入手，做到选用合理的电气设备，保持必要的防火间距、保证电气设备的正常运行、保持良好的通风、采用耐火设施、装设良好的保护装置等。

（1）电气防火组织措施

1）建立易燃、易爆和强腐蚀介质的管理制度。

2）建立健全电气防火责任制，加强电气防火重点场所的烟火控制，设置禁火标志。

3）建立电气防火教育制度，开展经常性电气防火知识的宣传教育，特别是加强对施工人员的安全用电教育。

4）建立电气防火检查制度，发现问题及时处理，不留任何隐患。

5）建立电气火警预报制度，做到防患于未然。

6）建立电气防火领导体系及电气防火队伍，掌握扑灭电气火灾的方法。

7）制定电气防火措施，电气防火措施可与一般性防火措施一并编制。

（2）电气防火技术措施

1）合理配置用电系统的短路、过载、漏电保护电器。

2）确保 PE 线连接点的电气连接可靠。

3）在电气设备和线路周围不堆放易燃易爆物和腐蚀介质物，

并做好阻燃隔离防护。

4）不在电气设备周围使用火源，特别在变压器、发电机等场所严禁烟火。

5）在配电室、分配电箱等电气设备相对集中场所，配置可扑灭电气火灾的灭火器材。

6）按规定设置防雷装置。

3. 电气火灾扑救常识

电气火灾有两个明显特点：一是着火后电气设备可能是带电的，如不注意可能引起触电事故；二是有些电气设备（如变压器、多油断路器）本身充有大量的易燃物，受热后可能发生喷油甚至爆炸，造成火灾迅速扩大。

扑灭火灾的注意事项：

（1）首先应迅速设法切断电源，防止发生触电事故。因为盲目灭火，使用导电的灭火器或水枪灭火，将会发生触电。火灾发生后，电气设备可能因绝缘损坏而碰壳短路，电气线路也可能因电线断落而接地短路，使正常情况不带电的金属构架、地面等部位带电，也可能导致接触电压或形成跨步电压触电。

（2）火灾发生后，由于受潮或烟熏，开关设备绝缘能力降低。因此，拉闸时最好用绝缘工具操作；切断电源的地点要选择适当，防止切断电源后影响灭火工作。

（3）如果需要切断电源线时，不同相线应在不同部位剪断，以免造成短路；剪断空中电源线时，剪断位置应选择在电源方向支持物附近，以防剪断的电源线掉下来造成接地短路或触电事故。对已掉落的电源线要设置警戒区域。

（4）当一时无法切断电源时，为了争取时间，就需要采取带电灭火。带电灭火剂有二氧化碳、四氯化碳、二氟一氯一溴甲烷（简称1122）、二氧二溴甲烷或干粉灭火剂。这些都是不导电的。扑灭电气火灾时，严禁使用有导电性能的泡沫灭火剂。

（5）当火势较大一时难以扑灭或可能引起严重后果时，应立即通知消防部门，不可延误时机。

1.3.13 了解施工现场临时用电常见事故原因及处置方法

1. 施工现场临时用电常见事故原因

（1）概念

事故，一般是指造成死亡、疾病、伤害、损坏或者其他损失的意外情况。

施工现场临时用电事故，就是临时用电因使用不当、电气设备管理不规范，造成的人员伤亡或电气设备的损坏。

（2）临时用电常见事故

临时用电常见事故主要有触电事故、电气火灾事故、电气设备损坏事故，电气火灾事故在前面已经讲过，这里不再重复。电气设备损坏事故基本有三种形式：一是电气设备的损坏，没有造成其他的严重后果；二是电气设备的损坏，造成电气火灾事故；三是电气设备的损坏，造成触电而导致人员伤亡。因此，本节重点介绍触电事故。

（3）触电伤害的形式

1）电击

电击是电流通过人体内部，破坏人的心脏、神经系统、肺部的正常工作造成的伤害。人身触及带电的导线、漏电设备的外壳或其他带电体，以及由于雷击或电容器放电，都可能导致电击。

2）电伤

电伤是电流的热效应、化学效应对人体外部造成的局部伤害，包括电弧烧伤、烫伤、电烙印等。

（4）触电的方式

绝大部分触电事故是电击造成，通常所说的触电事故基本上是指电击。按照人体触及带电体的方式和电流通过人体的途径，触电可以分以下几种情况：

1）直接接触触电

① 单相触电

当人体直接碰触带电设备其中的一相时，电流通过人体流入大地，这种触电现象称为单相触电。例如，人站在大地上，接触到一根带电的导线时，因为大地的导电性能与大地和电力系统（发电机、变压器）的中性点连接的情况，等于人又接触了另一根电线（中性线），因而造成触电。人体单相触电，如图1-147所示。

图 1-147　单相触电

目前触电死亡事故中大部分是单相电压触电，一般都由电器开关、照明灯头、导线及电动机损坏缺陷而造成的，如图1-148所示。

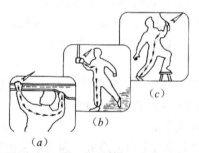

图 1-148　触电的形成与电流的途径

② 两相触电

人体同时接近触带电设备或线路中的两相导体，或在高压系统中，人体同时接近不同相的两相带电导体，发生电弧放电，电流从一相导体通过人体流入另一相导体，构成一个闭合回路，这种触电方式称为两相触电（图 1-149）。两相触电人体所受到的电压是线电压，触电后果很严重。但正常情况下，发生的两相触电情况要少于单相触电。

图 1-149　两相触电

2）间接接触触电

当电气设备的绝缘在运行中发生故障而损坏时，使电气设备本来在正常工作状态下不带电的外露金属部件（外壳、构架、护罩等）呈现危险的对地电压，当人体触及这些金属部件时，就构成间接触电，也称为接触电压触电。根据历年来的触电伤亡事故的统计分析，在低压配电系统中，触电伤亡事故主要是间接触电所引起的。因此，预防间接触电事故，是降低触电事故的一个重要方面。

3）跨步电压触电

① 跨步电压触电说明

实际上跨步电压触电，也是属于间接触电形式。当两脚跨在为接地电流所确定的各种电位的地面上，且其跨距为 0.8m 时，两脚间的电位差，称为跨步电压。由跨步电压造成的触电称为跨步电压触电。

当输电线路发生断电故障而使导线接地时，由于导线与大地构成回路，导线中有电流通过。电流经专线入地时，会在导线周围的地面形成一个相当强的电场，这个电场的电位分布是不均匀的。如果从接地点为中心画许多同心圆（图 1-150），这些同心圆的圆周上，电位是各不相同的，同心圆的半径越大，圆周上电

167

位越低，反之，半径越小，圆周上电位越高。如果人双脚分开站立，就会受到地面上不同点之间的电位差，此电位差就是跨步电压。如沿半径方向的双脚距离越大，则跨步电压就越高。

图 1-150　跨步电压触电

当人体触及跨步电压时，电流也会流过人身。虽然没有通过人的全身重要器官，仅沿着下半身流过，但当跨步电压较高时，就会发生双脚抽筋，跌倒在地上的现象。这样就可能使电流通过人体的重要器官，引起人体的触电伤亡事故。因此，在室外人们不要走近输电线路断线点 8m 以内的范围，在室内不要走近 4m 以内的范围，防止发生触电事故。如果是潮湿地面，这个范围还要扩大。

② 发生跨步电压触电的情况和部位

a. 带电导体，特别是高压导体故障接地处，流散电流在地面各点产生的电位差造成跨步电压电击。

b. 接地装置流过故障电流时，流散电流在附近地面各点产生的电位差造成跨步电压电击。

c. 正常时有效大工作电流流过的接地装置附近，流散电流在地面各点产生的电位差造成跨步电压电击。

d. 防雷装置受到雷击时，极大的流散电流在其接地装置附近地面各点产生的电位差造成跨步电压电击。

e. 高大设施或高大树木遭受雷击时，极大的流散电流在附近地面各点产生的电位差造成跨步电压电击。

（5）电流对人体的影响

电流通过人体后，能使肌肉收缩，造成机械性损伤。电流产生的热效应和化学效应会引起一系列急骤的病理变化，使机体遭受严重的损害。特别是电流流经心脏，对心脏的损害极为严重。极小的电流可引起心室纤维性颤动，导致死亡。电击伤对人体的伤害程度与电流的种类、大小、途径、接触部位、持续时间、人体健康状态、精神状态等都有关系。

1）通过人体的电流越大，对人体的影响也越大；接触的电压越高，对人体的损伤也就越大。

2）交流电对人体的损害作用比直流电大，不同频率的交流电对人体影响也不同。电流对人体的作用见表1-16。

电流对人体的作用 表1-16

电流（mA）	作用的特征	
	交流（50～60Hz）	直流
0.6～1.5	开始有感觉，手轻微颤抖	没有感觉
2～3	手指强烈颤抖	没有感觉
5～7	手部痉挛	感觉痒和热
8～10	手已难于摆脱带电体，但还能摆脱，手指尖部到手腕剧痛	热感觉增加
20～25	手迅速麻痹，不能摆脱带电体，剧痛，呼吸困难	热感觉大大加强，手部肌肉收缩
50～80	呼吸麻痹，心室开始颤动	强烈的热感觉，手部肌肉收缩、痉挛，呼吸困难
90～100	呼吸麻痹，延续3s或更长时间，则心脏麻痹，心室颤动	呼吸麻痹
300及以上	作用0.1s以上时，呼吸麻痹和心脏停搏，机体组织遭到电流的破坏	

3）电流持续时间与损伤程度有密切关系。通电时间短，对机体的影响小，通电时间长，对机体损伤就大，危险性也增大。

特别是电流持续时间超过人的心脏搏动周期时,对心脏的威胁很大,极易产生心室纤维性颤动。

4)通过人体的电流途径不同时,对人体的伤害情况也不同。通过心脏、肺和中枢神经系统的电流强度越大,其后果也就越严重。

5)电流对心脏影响最大,常会产生心室纤维性颤动,导致死亡。发生触电事故时造成触电死亡的原因比较多,但常常由于心室颤动而死亡。

(6)触电时的临床表现

电击造成的伤害主要表现为全身电休克所致的"假死"和局部的电灼伤,特别是电流通过心脏时所形成心室纤维性颤动。如电流过大还可以使心肌纤维透明性变差,甚至引起心肌纤维断裂,凝固变性。电流通过中枢时可抑制中枢引起心跳呼吸停止。这些均可造成触电后的"假死"状态。此时伤者失去知觉,面色苍白、瞳孔放大、心跳和呼吸停止。根据临床的表现人为地将"假死"分成三种类型:

1)心跳停止。

2)呼吸停止。

3)心跳、呼吸均停止。

对于有心跳无呼吸或者有呼吸无心跳的情况,只是暂时的现象,如果抢救措施不当,就会导致触电者心跳、呼吸全部停止。当心脏停止跳动时,人体的血液循环也随后中断。呼吸中枢无血液供应时,中枢就会丧失功能,然后呼吸也就停止了。当呼吸停止时,体内各组织都无法得到氧气,心脏本身的组织会严重缺氧,所以心脏也就很快停止跳动。

触电造成的"假死"一般都是即时发生的,但也有个别触电者可以在触电后期(几分钟或几天)突然出现"假死"导致死亡。

触电时如身体受到的损伤比较轻,就不会发生"假死"的情况,但能感觉到头晕、心悸、出冷汗或恶心、呕吐等症状。皮肤灼伤处可感觉到疼痛。如果脊髓受到电流影响,还可能出现上下肢肌肉瘫痪（自主呼吸存在），往往需要较长的时间（3～6个月以上）才能恢复。

局部的电灼伤常见于电流进出的接触处，当人体组织有较大电流通过时，组织会受到灼伤，其形成的原因主要是人体的皮肤、肌肉等组织均存在一定的电阻；有电流通过时，在瞬间会释放出大量的热能，因而灼伤皮肤组织。电灼伤的面积有时虽小，但会较深，大多为三度烧伤，有时可深达骨骼，比较严重。灼伤处呈焦黄色或褐黑色，创面与正常皮肤有较明显的界限。一般电流进入人体的灼伤口为一个，但电流流出的灼伤口可能是一个或一个以上。

2．施工现场临时用电常见事故的处置方法

施工现场临时用电常见的触电事故，主要是低压触电，高压触电的情况极少发生。因此发生触电后应按抢救流程进行处置。

（1）触电事故抢救流程

触电事故抢救流程，如图 1-151 所示。

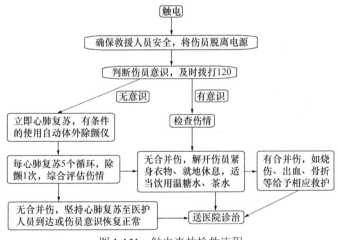

图 1-151　触电事故抢救流程

（2）脱离低压电源的方法

脱离低压电源的方法，可用"拉"、"切"、"挑"、"拽"和

"垫"五字来概括。

1)"拉"

"拉",就是指就近拉开电源开关,切断电源。

施工现场临时用电系统是三级配电,而且要求是一机一闸。因此,建筑施工现场发生触电的位置,基本是在外电线路进入配电室之间的线路上,或者总配电箱至各分配电箱之间的线路上,或者分配电箱至各开关箱之间的线路或用电设备上,不会发生在其他位置。因此,发生触电事故后,首先要判定触电环节,然后切断发生触电的电源或用电设备配电箱中的电气开关。

2)"切"

"切",就是指用带有绝缘护柄的利刃切断电源线。当电源开关距离触电现场较远时,可利用带有绝缘手柄的电工钳或干燥木柄斧子、铁锹等,将电源线切断。对于二芯、三芯、四芯、五芯电源线,应分相切断,防止发生短路伤人。断电后的电源线不可随意扔在地上,特别是潮湿地面上,应放在干燥地面上或者绝缘的垫板上,并设置警示标识。

3)"挑"

"挑",如果电源线搭落在触电者身上或者压在身下时,可用干燥的木棒、竹竿等挑开电源线,或者用干燥的绝缘绳套拉导线或触电者,使其脱离电源。

4)"拽"

"拽",是指救援人员戴上绝缘手套,或者用干燥衣服、围巾、帽子等绝缘物,把触电者"拽"离电源。如果触电者的衣裤是干燥的,又没有紧缠在身上,救援人员可直接用一只手抓住触电者不贴身的衣裤,将触电者"拽"离电源。必须注意的是:拖拽触电者时,切勿接触到触电者的体肤。救援人员也可以站在干燥的木板、木桌椅或橡胶绝缘垫上,用一只手把触电者"拽"离电源。

5)"垫"

"垫",如果触电者由于痉挛手指紧握电源线,或者电源线缠绕在身上,救援人员可先用干燥木板塞进触电者身体下,使其与地面绝缘隔离电源，然后采取其他办法切断电源。

（3）脱离高压电源的方法

由于电压等级高，一般绝缘物品不能保证救援人员的安全，而且高压电源开关距离现场一般都较远，不方便拉闸。因此，使触电者脱离高压电源的方法与脱离低压电源的方法有所不同，通常做法是：

1）立即电话通知有关供电部门拉闸停电。

2）如电源开关离触电现场不是很远，可以戴上高压绝缘手套，穿上绝缘鞋，拉开高压电源断路器，或用绝缘棒拉开高压跌落保险，切断电源。

3）如果触电者触及断落在地上的带电高压线，且尚未确定线路无电之前，救援人员不可进入断线落地范围 8 ~ 10m 以内，防止跨步电压触电。进入该范围的救援人员必须穿上绝缘鞋，或者临时双脚并拢跳跃式地接近触电者。触电者脱离带电导线后，应迅速将其带至 8 ~ 10m 之外的安全距离后，再进行触电急救。必须在证明线路已经无电的情况下，才可以在触电者离开导线后就地急救。

（4）触电者脱离电源时的注意事项

1）救援人员不得采用金属和其他潮湿的物品作为救护工具。

2）未采取绝缘措施前，救援人员不得直接触及触电者的体肤或潮湿的衣服。

3）在拉拽触电者脱离电源过程中，救援人员应单手操作，保证救援人者的人身安全。

4）当触电者位于高处时，应采取措施预防触电者在脱离电源后坠地摔伤。

5）夜间发生触电事故时，应考虑切断电源后的临时照明问题，以方便救护。

（5）现场救护

触电者脱离电源后，应立即就地进行抢救。即在不消极等待医护人员到来之前，在现场采取正确救护的同时，立即电话报警

120 通知紧急救护，同时做好将触电者送往医院的准备工作。根据触电者的受伤害情况，现场救护应采取以下几种抢救措施：

1）触电者未失去知觉的救护措施

如果触电者所受到的伤害不太严重，神志尚清醒，只是心悸、头晕、出冷汗、恶心、呕吐、四肢乏力，甚至一度昏迷，但未失去知觉，则应让触电者在通风暖和的处所静卧休息，并派人仔细观察，同时送医院检查治疗。

2）触电者已经失去知觉的救护措施

如果触电者已经失去知觉，但呼吸和心跳尚正常，应使其舒适地平卧，解开上衣扣子以利呼吸，四周不要围挡，保持空气流通，冷天时应注意保暖。若发现触电者呼吸困难或心跳失常，在救护车到达现场之前，应立即使用施工现场医务室的氧气袋进行输氧，或者进行胸外心脏按压。

3）对"假死"者的急救措施

如果触电者呈现"假死"的现象，可能有三种临床症状：一是心跳停止，但尚能呼吸；二是呼吸停止，但心跳尚存（脉搏微弱）；三是呼吸和心跳均已停止。将脱离电源的触电者转移到比较通风、干燥的地方，使其仰卧并将上衣与裤带放松，然后采用"看""听""试"的方法判断"假死"的症状。

"看"，是观察触电者的胸部、腹部有无起伏动作、瞳孔是否放大。

"听"，是用耳朵贴近触电者的口鼻处，静听有无呼气声音。

"试"，是用手或小纸条测试口鼻处有无呼吸气流，再用两手指轻压一侧（左或右）喉结旁凹陷处的颈动脉有无搏动感觉。

当判定触电者呼吸和心跳停止时，应立即按心肺复苏法就地抢救。心肺复苏法是支持生命的三项基本措施，即通畅气道、人工呼吸、胸外按压。

（6）电伤的处理

电伤是触电引起的人体外部损伤（包括电击引起的摔伤）、电灼伤、电烙伤、皮肤碳化等组织的损伤，需要到医院治疗。触电者没有送到医院之前，在现场也应进行必要的处理，防止细菌感染、损伤扩大。

1）对于一般性的外伤创面，可用无菌生理盐水或清洁的温开水冲洗，再用消毒纱布及绷带包扎，然后将触电者护送去医院。

2）如伤口大出血，要立即设法止血。压迫止血法是最简单的临时止血法，即用手指、手掌或止血带在出血处供血端将血管压瘪在骨骼上止血，同时迅速将触电者送往医院抢救。如果伤口出血不严重，可用几层消毒纱布覆盖在伤口处压紧止血。

3）高压触电造成的电弧灼伤，伤口深度可达到骨骼，处理十分复杂。现场救护可用无菌生理盐水或清洁的温开水冲洗，再用酒精全面涂擦，然后用无菌的纱布和绷带进行包扎后，送医院救治。

4）对于因触电摔跌而骨折的触电者，应先止血、包扎，然后用木板、竹竿、木棍等物品将骨折处临时固定后，送医院救治。

2 安全操作技能

2.1 掌握施工现场临时用电系统的设置技能

2.1.1 配电室的设置

1. 配电室的位置选择

配电室应靠近电源，并应设在灰尘少、潮气少、振动小、无腐蚀介质、无易燃易爆物、地势高、上风侧、远离明火和热源以及道路畅通的地方。

2. 配电室的建筑要求

（1）配电室要独立设置，建筑物耐火等级不低于 3 级，室内配置沙箱和可用于扑灭电气火灾的灭火器。

（2）配电室的长度和宽度根据安装总配电箱的数量来确定：长度不足 6m 时设置一个门，长度 6～15m 时两端各设一个门；门宽度一般应为 1～1.2m，门高一般应为 2.2m；配电室内净高度不得低于 3m。

因为建筑施工现场一般都是设置一个总配电箱，最多是八回路的总配电箱，八回路总配电箱的尺寸是高度 2000mm，宽度 900mm，厚度 550mm，前后双面开门，门的宽度约为 850mm。

（3）配电室应设置向外开启的窗户，窗户外侧上部安装分水板，防止雨雪侵入。

（4）配电室门口上方的墙壁上，应设置换气扇保证通风顺畅。

（5）配电室内应设置正常照明和事故照明，照明开关应设在门外或进门处。

（6）配电室地面应敷设橡胶地板并保持整洁，不得堆放任何妨碍操作的杂物。

（7）配电室的门向外开启，门口处设置不低于 300mm 高的挡鼠板，防止动物进入，门上应配锁。

配电室，如图 2-1 所示。

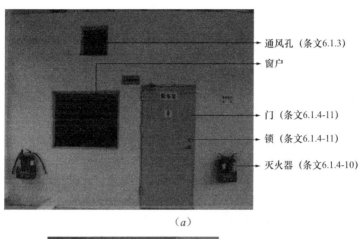

通风孔（条文6.1.3）

窗户

门（条文6.1.4-11）

锁（条文6.1.4-11）

灭火器（条文6.1.4-10）

（a）

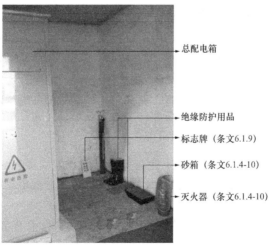

总配电箱

绝缘防护用品

标志牌（条文6.1.9）

砂箱（条文6.1.4-10）

灭火器（条文6.1.4-10）

（b）

图 2-1　配电室
（a）外观；（b）内部布置

2.1.2　总配电箱的设置

根据现行规范规定，总配电箱应设置在靠近电源的区域，而且总配电箱的设置还应符合现行规范的有关规定，即总配电箱应设置在配电室里。

（1）总配电箱正面的操作通道宽度，单列布置或双列背对背布置不小于 1.5m，双列面对面布置不小于 2m。

（2）总配电箱后面的维护通道宽度，单列布置或双列面对面布置不小于 0.8m，双列背对背布置不小于 1.5m，个别地点有建筑物结构凸出的地方，此点通道宽度可减少 20cm。

（3）总配电箱侧面的维护通道宽度不小于 1m。

（4）总配电箱安装在 20cm 高基座上，基座还应具备电缆沟的作用，进出总配电箱的电源线应从基座中走线。

总配电箱布置如图 2-2 所示。

2.1.3　分配电箱的设置

1．分配电箱的位置选择

（1）分配电箱应设置在用电设备相对集中部位，并且要设置在灰尘少、潮气少、振动小、无腐蚀介质、无易燃易爆物、地势高、上风侧、远离明火和热源以及道路畅通的地方。

（2）分配电箱周围应有 2 人同时工作的空间和通道，周围不得堆放任何妨碍操作物料，并且不得有灌木或杂草。

2．分配电箱的安装要求

（1）分配电箱按实际工作需要，可设置为固定式或移动式，并且固定在制式的钢质支架上，钢质支架应与分配电箱中的保护零线进行可靠的电气连接。

（2）固定式分配电箱的中心点与地面的垂直距离应为 1.4～1.6m（图 2-3），移动式分配电箱的中心点与地面的垂直距离应为 0.8～1.6m。

（3）分配电箱与开关箱的距离不得超过 30m。

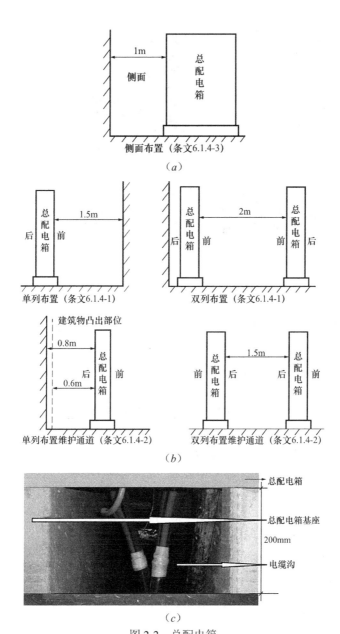

图 2-2 总配电箱

（a）、（b）总配电箱布置；（c）总配电箱基座

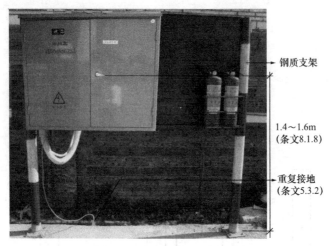

钢质支架

1.4～1.6m
(条文8.1.8)

重复接地
(条文5.3.2)

图2-3 固定式分配电箱的安装

2.1.4 开关箱的设置

1．开关箱的位置选择

（1）开关箱应设置在用电设备处，与其控制的用电设备水平距离不宜超过3m。

（2）开关箱周围应有2人同时工作的空间和通道，周围不得堆放任何妨碍操作的物料，并且不得有灌木或杂草。

2．分配电箱的安装要求

（1）开关箱按实际工作需要，可设置为固定式或移动式，并且固定在制式的钢质支架上，钢质支架应与箱中的保护零线进行可靠的电气连接。

（2）固定式开关箱的中心点与地面的垂直距离应为 1.4 ～ 1.6m，移动式开关箱的中心点与地面的垂直距离应为 0.8 ～ 1.6 m（图2-4）。

钢质支架

0.8～1.6m
(条文8.1.8)

图2-4 移动式开关箱的安装

2.1.5　电源线的连接

1．电源线连接应具备的条件

（1）电源线头不能增加电阻值。接触要紧密、接头电阻要小、稳定性要好，电阻比应小于同长度截面的其他类电源线。

（2）受力电源线不能降低原机械强度。接头的机械强度不应小于电源线机械强度的80%。

（3）不能降低原绝缘强度。接头的绝缘强度应与电源线的绝缘强度一样。

为了满足上述要求，在电源线做电气连接时，必须先削掉绝缘层再进行连接，然后加焊锡，再包缠绝缘材料。

2．剥削绝缘层使用的工具及方法

（1）剥削绝缘层使用的工具

由于各种电源线截面、绝缘层厚度、分层数量不同，因此使用剥削的工具也不同。常用的工具有电工刀、钢丝钳和剥线钳，可以进行削、勒及剥削绝缘层。一般 4mm² 以下的电源线，原则上使用剥线钳；如果使用电工刀时，不允许使用刀刃在导线周围转圈剥削绝缘层。

应该特别注意：剥削绝缘层时，不可割伤线芯，否则会降低电源线的机械强度，并且会因电源线的截面减小而增加电阻，减少安全载流量。

（2）剥削绝缘层的方法

按照接头的方法和导线截面的不同，确定剥削绝缘层的长度。

1）单层剥削法

适用于塑料绝缘线，按适当长度整齐削剥绝缘层（图 2-5）。不允许使用电工刀转圈剥削绝缘层，应使用剥线钳。

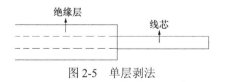

图 2-5　单层剥法

2）分段剥削法

一般适用于橡皮线、护套线等多层绝缘电源线剥削，用电工刀先削去外层绝缘层，并留有约 15mm 内绝缘层，线芯长度按接线方法和要求的机械强度而确定（图 2-6）。

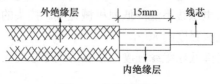

图 2-6　分段剥削法

3）斜削法

一般适用于橡皮线、护套线等多层绝缘电源线剥削。用电工刀以 45º 倾斜切入绝缘层，当切近线芯时应停止用力，然后将刀面的倾斜角改为 15º 左右，沿着线芯表面向电源线头部推出，然后把残存的绝缘层剥离线芯，用刀口插入背部以 45º 削断（图 2-7）。

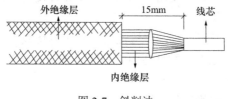

图 2-7　斜削法

4）塑料硬线绝缘层的剖削

线芯截面为 4mm² 或以下的塑料硬线，一般用钢丝钳或剥线钳剖削绝缘层，钢丝钳使用方法如下：

① 用左手捏住电源线，根据线头所需要的长度，用钢丝钳口切割绝缘皮，但不可切入线芯。

② 用右手握住钢丝钳头部用力向外去除绝缘皮，如图 2-8 所示。

③ 如发现芯线损伤较大应重新剖削。

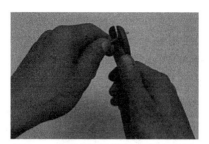

图 2-8　钢丝钳剖削塑料硬线绝缘层

5）塑料软线绝缘层的剥削

线芯截面大于 4mm² 的塑料硬线，可用电工刀来剥削绝缘层，如图 2-9 所示，方法如下：

① 根据需要的长度用电工刀先以 45º 角倾斜切入塑料绝缘层，刀口向外，不伤线芯。

② 然后刀面与线芯保持 25º 角左右，刀口向外，用力向电源线头部推削，可切入到线芯表面，但不可伤到线芯，削去塑料绝缘层。

③ 将余下塑料绝缘层向后扳翻，用电工刀切去。

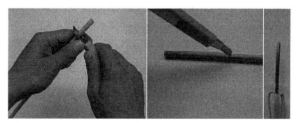

图 2-9　电工刀剖削塑料硬线绝缘层

6）塑料护套线绝缘层的剥削

塑料护套软线绝缘层应使用剥线钳或钢丝钳剥削。使用剥线钳时，先将要剥削的绝缘层长度确定好，然后把电源线放入刃口中，握紧钳柄，电源线被削掉的绝缘皮自动弹出。

7）橡皮线绝缘层的剥削

塑料护套线绝缘层必须用电工刀来剥削，如图 2-10 所示，方法如下：

① 按所需长度用电工刀刃尖部对准线芯缝隙间划开保护层。

② 向后扳翻护套层，用刀切去。

③ 其他剥削方法如同塑料硬线绝缘层的去除方法。

　　　　（a）　　　　　　　　　　　（b）

图 2-10　塑料护套绝缘层的剥削

（a）刀刃在线芯缝隙间划开护套层；　（b）扳翻护套层并齐根切掉

3．电源线的连接

（1）铜导线的连接

1）单股铜芯导线的连接

① 绞接法一

适用于直径≤ 2.6mm（即 6mm² 及以下的线芯）的连接；连接方法是将导线互绞绕 3 圈后，将线头紧密环绕另一线头 5 ～ 7 圈，紧密的回转，如图 2-11（a）所示。

② 缠绕法

适用于直径＞ 2.6mm（即 10mm² 及以上线芯）的连接；连接方法是用直径约为 1.6mm（约 2.5mm² 线芯）裸铜线作绑线，缠绕两根要连接的导线（分三段缠绕，搭接处、搭接处两侧，确保连接的导线接触良好不松动），连接的两线头要弯起或倒转防止松动。导线直径在 5mm 及以下时，绑线缠绕长度为 60mm；导线直径在 5mm 以上时，绑线缠绕长度为 90mm，如图 2-11（b）所示。

③ 绞接法二

适用于粗细不等的单股导线连接；连接方法是先用细直径线芯缠绕粗直径线芯 5 ～ 7 圈后，将粗直径线头转过来压紧，再用细直径线芯紧密缠绕若干圈，如图 2-11（c）所示。

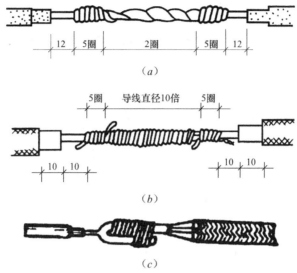

（a）

（b）

（c）

图 2-11　单股铜芯导线的连接

2）合股铜芯导线的连接

① 合股铜芯电源线的直接连接

a. 分支绞接法一

适用于导线直径≤ 2.6mm（即 6mm² 及以下线芯）的单股铜芯导线的梯接；连接方法是将梯接线在梯接处按一个方向紧密缠绕 5～7 圈，如图 2-12（a）所示。

b. 分支绞接法二

适用于导线直径≤ 2.6mm（即 6mm² 及以下线芯）的单股铜芯导线的梯接；连接方法是将梯接线在梯接处先按一个方向缠绕 1 圈，包抄过来，在另一方向反方向缠绕 5～7 圈，如图 2-12（b）所示。

c. 分支缠绕法（绑接法）

适用于导线直径＞ 2.6mm（即 10mm² 及以上线芯）导线的梯接；连接方法是将梯接头弯成"7"字形，与梯接导线紧贴一起，用直径约为 1.6mm（相当于 2.5mm² 线芯）的裸铜线作绑线，用"缠绕法"紧密缠接如图 2-12（c）所示。

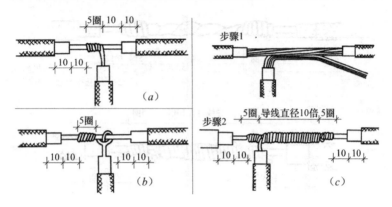

图 2-12　合股铜芯导线的连接

② 合股铜芯电源线的丁字连接

适用于任何精细的合股导线的连接；连接方法是把合股导线解开，根部保留 1/3 绞紧部分，如若松开要将其绞紧，如图 2-13 所示。

第一步，把两条合股导线的股线顺次相互交错（叉接），再捏成平股芯线。

第二步，然后沿各自方向依次垂直紧密缠绕每股导线，直到将所有单股线缠绕完；股芯数较多时，可先从邻近的 2 根股线并绕，每股不少于二圈；最后用 3 根股线密绕至根部。

第三步，线头整形压紧。

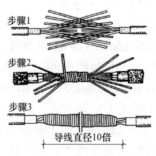

图 2-13　合股铜芯导线的丁字分支连接

（2）铝导线的连接

铝的表面极易氧化，而且这类氧化铝膜的电阻率又高，除小截面铝芯线外，其余铝导线都不采用铜芯线的连接方法。在电气线路施工中，铝线线头的连接常用螺钉压接法、压接管压接法和沟线夹螺钉压接法三种。

1）螺钉压接法

将剖除绝缘层的铝芯线头用钢丝刷或电工刀去除氧化层，涂上中性凡士林，将线头伸入接头的线孔内，再旋转压线螺钉压接。线路上导线与开关、灯头、熔断器、仪表、瓷接头和端子板的连接，多用螺钉压接，如图2-14所示。单股小截面铜导线在电器和端子板上的连接也可采取此法。

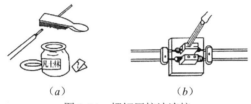

（a）　　　　　　　　　　（b）

图2-14　螺钉压接法连接

（a）涂中性凡士林；（b）旋转压线螺钉压接

如果有两个（或两个以上）线头要接在一个接线板上时，应事先将这几根线头拧成一股，再进行压接。如果直接扭绞的强度不够，还可以在扭绞的线头处用小股绑线缠绕后，再插入接线孔压接。

2）压接管压接法

压接管压接法，又叫套管压接法，适用于室内、外负荷较大的铝芯线连接，所用压接钳如图2-15（a）所示。接线前，先选好规格合适的压接管，如图2-15（b）所示，清除线头表面和压接管内壁上的氧化层及污物，再将两根线头相对插入并穿出压接管，使两线端各自伸出压接管25～30mm，如图2-15（c）所示；然后用压接钳进行压接，如图2-15（d）所示；压接完成的铝线接头，如图 2-15（e) 所示。如果压接的是钢芯铝绞线，应在两根芯线之间垫上一层铝质垫片。压接钳在压接管上的压坑数目要视不同情况确定，室内线头通常为 4 个；对于室外铝绞线，截面为 16 ~ 35mm 的压坑数目为 6 个，50 ~ 70mm² 的为 10 个；对于钢芯铝绞线，16mm² 的为 12 个，25 ~ 35mm² 的为 14 个，50 ~ 70mm² 的为 16 个，95mm² 的为 20 个，120 ~ 150mm² 的为 24 个。

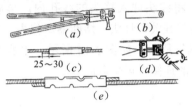

图 2-15　压接管压接法

3）沟线夹螺钉压接法

此方法适用于室内、外截面较大的架空线路的直线和分枝连接。连接前选用钢丝刷除去导线线头和沟线夹线槽内壁上的氧化层及污物，并涂上中性凡士林，然后将导线卡入线槽，旋紧螺钉，使沟线夹压紧线头而完成连接，如图 2-16 所示。为预防螺钉松动，压接螺钉上必须安装弹簧垫圈。

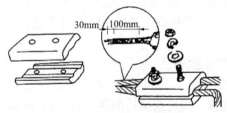

图 2-16　沟线夹螺钉压接法

沟线夹的规格和使用数量与导线截面有关。通常导线截面有 70mm² 以上的，用两副较大的沟线夹，沟线夹之间距离 300 ~ 400mm。

4. 线芯与接线桩的连接

各种电气设备上，均有接线桩供连接线使用，要求接触面紧密，接触电阻小，连接牢固，不至于因时间长而松动脱落。

（1）线芯与针孔式接线桩连接

使用针孔式接线桩接线时，如果单股芯径与接线插孔大小适宜，插入针孔后旋紧螺钉即可。线芯较细，要把线芯折成双股，再插入针孔。多根细丝线，必须先绞紧，再插入针孔，孔外不许有细丝外露，以免发生事故；芯线较小时，也应折成双股，再插入针孔，如图 2-17 所示。

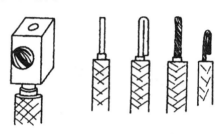

图 2-17　针孔式接线桩连接

（2）小截面硬导线平压式连接法

线芯与螺钉平压式接线桩接线时，应将小截面单芯导线弯成羊眼圈，孔径要合适并且其方向应与螺钉旋转方向一致，一般为顺时针方向。通过垫圈、弹簧垫圈压紧导线，如图 2-18 所示。

图 2-18　小截面硬导线平压式压接圈的弯法

（3）线芯与瓦形接线桩连接

将单线芯端，按略大于瓦形垫圈螺钉弯成 U 形，螺钉穿过 U 形孔，压在垫圈下旋紧，如图 2-19 所示。如果两个线头接在一个瓦形接线桩时，其接法如图 2-19（c）所示。

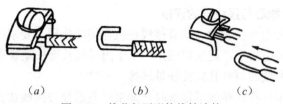

(*a*)　　　　　　(*b*)　　　　　　(*c*)

图 2-19　线芯与瓦形接线桩连接

（4）多股线芯压接圈连接

将线芯 1/2 处从根部绞紧，然后在绞紧部位的 1/3 处弯曲成圆圈，把已弯成的压接圈最外侧几股折成垂直状，按直线接线法连接，如图 2-20 所示。

图 2-20　多股线芯压接圈连接

（5）线芯与接线端子连接

导线截面大于 10mm² 时的多股铜线，都必须在导线端头做好接线端子，再与设备相连接，如图 2-21 所示。

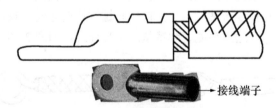

→接线端子

图 2-21　　线芯与接线端子连接

5．电磁线头的连接

（1）线圈内部的连接

对直径 2mm 以下的圆铜线，通常是先绞接后钎焊。绞接时要均匀，两根线头互绕不少于 10 圈，两端要封口，不能留下毛刺。截面较小的漆包线的绞接如图 2-22（*a*）所示，截面较大的漆包线的绞接如图 2-22（b）所示。直径大于 2mm 的漆包铜线的连接大多使用套管套接后再钎焊。套管用镀锡的薄铜片卷成，在接缝处留有缝隙，选用时注意套管内径与线头大小的配合，其长度为导线直径的 8 倍左右，如图 2-22（c）所示。连接时，将两根去除了绝缘层的线端相对插入套管，使两端线头端部对接在套管中间位置，再进行钎焊，使焊锡液从套管侧缝充分浸入内部，注满各处缝隙，将线头和导管铸成整体。

（a）　　　　　　　　（b）　　　　　　　　（c）

图 2-22　线圆内部端头连接方法

对截面不超过 2.5mm² 的矩形电磁线，可用套管连接，方法同上。套管铜皮的厚度应选 0.6 ～ 0.8mm 为宜，套管的横截面，以电磁线横截面的 1.2 ～ 1.5 倍为宜。

（2）线圈外部的连接

线圈外部的连接有两种情况，一种是线圈间的串、并联，Y、△连接。对小截面导线，这类线头的连接仍采用先绞接后钎焊的方法；对截面较大的导线，可用乙炔气焊。另一种是制作线圈引出端头，如图 2-23（a）、（b）所示，用接线端子（接线耳）与线头之间用压接钳压接，如图 2-23（c）所示。若不用压接方法，也可直接钎焊。

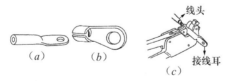

（a）　　　　　（b）　　　　　（c）

图 2-23　接线耳与接线头压接

6. 导线的封端

为了保证导线线头与电气设备的电气接触和其机械性能，除 10mm² 以下的单股铜芯线、多股铜芯线 2.5 mm² 及以下和单股铝芯线能直接与电器设备连接外，大于上述规格的多股或单股线芯，通常都应在线头上焊接或压接接线端子，这种工艺过程叫导线的封端。但在工艺上，铜导线和铝导线的封端是不完全相同的。

（1）铜导线的封端

铜导线封端方法常用锡焊法或压接法。

1）锡焊法

先除去线头表面和接线端子孔内表面的氧化层和污物，分别在焊接面上涂上无酸焊锡膏，线头上先涂一层锡，并将适量焊锡放入接线端子的线孔内，用喷灯对接线端子加热，待焊锡熔化时，趁热将涂锡线头插入端子孔内，继续加热至焊锡完成渗透到芯线缝中，并灌满线头与接线端子孔内之间的间隙后停止加热。

2）压接法

把表面清洁且已加工好的线头直接插入内表面已清洁的接线端子线孔，然后按前面所讲的"压接管压接法"的工艺要求，用压接钳对线头和接线端子进行压接。

（2）铝导线的封端

由于铝导线表面极易氧化，用锡焊法比较困难，通常用接线耳压接封端。压接前除了清除线头表面及接线端子线孔内表面的氧化层及污物外，还应分别在两者接触面涂中性凡士林，再将线头插入线孔，用压接钳压接，已压接完的铝导线端子，如图2-24所示。

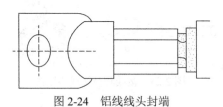

图2-24　铝线线头封端

（3）电源线绝缘层的恢复

导线的绝缘层破损或者导线连接后都要恢复绝缘，恢复后的绝缘强度不应低于原有绝缘层。通常用黄蜡带、涤纶薄膜和黑胶带等作为恢复绝缘层的材料。操作时，应从导线左端开始包缠，并与接口裸导线保持约两根绝缘带宽的位置处开始包扎，如图2-25（a）所示；同时绝缘带与导线应保持约45°的倾斜角；每圈的包扎要压住带宽的1/2，如图2-25（b）所示；绝缘带加接方式如图2-25（c）所示。

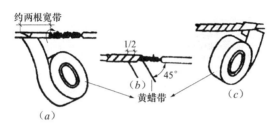

图2-25　电源线绝缘层的恢复

在恢复电源线绝缘层的操作中，应注意的事项：

1）在380V线路上的导线恢复绝缘时，必须先包缠1～2层黄蜡带，然后于再包缠一层黑胶带。

2）在220V线路上的导线恢复绝缘时，先包缠一层黄蜡带，然后再包缠一层黑胶带，或只包缠两层黑胶带。

3）在室外时，应在黑胶带上再包一层防水胶带（如塑料胶带等）。

7. 电缆头的制作安装

电缆头因其类型、绝缘材料、使用场合不同有多种形式。控制电缆头应采用专用终端套制作，其规格、型号按电缆芯数来确定；室内普通低压电力电缆经常采用干包式电缆头。下面以1kV以下室内聚氯乙烯护套电力电缆为例，说明电力电缆终端电缆头制作安装的要求。

（1）制作流程

摇测接地电阻→确定剖切尺寸→剥除电缆铠甲、护套→安装电缆终端头或分支"手套"、包缠电缆→擦洗线芯绝缘→连接线鼻子→包缠线芯绝缘→包缠线芯相色→固定电缆头→与开关或设备连接。

（2）主要制作方法及技术措施

1）摇测电缆绝缘

① 选用 1000V 摇表对电缆进行摇测，绝缘电阻应大于 10MΩ。

② 电缆摇测完毕后，应将芯线分别对地放电。

2）确定剖切尺寸

将电缆末端按确定尺寸固定好，留取末端长度稍大于确定尺寸的长度，如图 2-26 所示。

3）剥电缆铠甲，连接地线（铠装电缆）

① 剥电缆铠甲：用钢锯在第一道卡子向上 3 ～ 5mm 处，锯一环形深痕，深度为钢带厚度的 2/3，不得锯透。用螺丝刀在锯痕尖角处将钢带挑起，用钳子将钢带撕掉。然后将钢带锯口处用锉修理钢带毛刺，使其光滑。

② 打钢带卡子：可利用电缆本身钢带宽度的 1/2 做卡子，必须打两道，两道卡子的间距为 15mm，采用咬口的方法将卡子打牢。将地线的焊接部位用钢锉处理平整，以备焊接。在打钢带卡子的同时，将钢绞线或镀锡编织线排列整齐后卡在卡子里。

③ 焊接地线：铠装电缆应采用铜绞线或镀锡铜编织做接地线，接地线截面不大于 120mm² 且不小于 16mm²。地线采用焊锡焊接于电缆的两层钢带上，焊接应牢固，不应有虚焊现象，应注意不要将电缆烫伤。

4）剥除电缆护套

剥切电缆护套及布带（或纸带），线芯中的黄麻也应切除，不要伤及绝缘层。分芯时应注意线芯的弯曲半径不应小于线芯直径（包括绝缘层）的 3 倍。

5）安装电缆终端头或分支"手套"及包缠电缆

① 将电缆头套套入电缆。根据电缆头的型号尺寸，按照电缆头套长度和内径，用塑料带采用半叠法包缠电缆。塑料带包缠

应紧密，形状呈枣核状。

② 分支"手套"用于多芯电缆，应根据其芯数与规格大小来选择。在安装分支手套时，可在其内层先包缠自粘性橡胶带，包缠的层数以"手套"套入时松紧合适为准。在"手套"外部的根部和指部口，用自粘橡胶带和聚氯乙烯胶粘带包缠防潮锥，予以密封。

6）擦洗线芯绝缘

用汽油湿润的白布擦净线芯绝缘（必要时可用锉刀或砂纸去污），但橡胶绝缘电缆不可使用大量溶剂洗涤，防止损坏绝缘。

7）连接线鼻子

① 从线芯端头量出长度为鼻子的深度，另加 5mm，剥去电缆线芯绝缘，并在线芯上涂中性凡士林。

② 将线芯插入接线鼻子内，用压线钳子压紧接线鼻子，压接坑应在两道以上。大规格接线端子应采用液压机压接。

8）包缠线芯绝缘

将电缆末端的绝缘削成圆锥形，然后以自粘橡胶带绕包呈防潮锥。0.5kV 的电缆可不用自粘性橡胶带，采用聚氯乙烯胶粘带即可。

9）包缠线芯相色

使用黄、绿、红、淡蓝四色聚氯乙烯胶粘带，按相色要求分别从线鼻子压接部位开始，经防潮锥向"手套"指部方向包缠，而后再自"手套"指部返回，绕包到线鼻子压接部位。PE 线应绕包成黄/绿双色。在分相色胶带外，还需要用透明聚氯乙烯绝缘带包缠保护，以防相色年久褪色。也可采用专用分色套管分色。

10）固定电缆头

将做好终端头的电缆固定在预先做好的电缆头支架上，并将线芯分开。

11）与开关或设备连接

根据接线端子的型号，选用合适的镀锌螺栓将电缆接线端子压接在设备上，注意应使螺栓由上向下或从内到外穿，平垫和弹簧垫应安装齐全。

电缆头的制作,如图 2-26 所示。

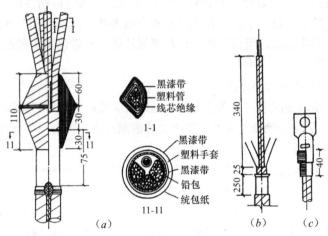

图 2-26 室内低压电缆终端做法

(a) 室内低压电缆干封头; (b) 电缆切割尺寸; (c) 接线端子

2.1.6 施工现场设置重复接地与保护接零的部位与接线方法

1. 设置重复接地的部位与接线方法(图 2-27 ~ 图 2-31)

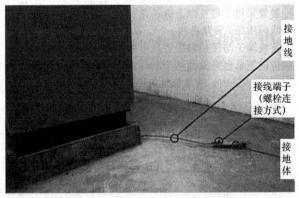

图 2-27 配电线路起点接地

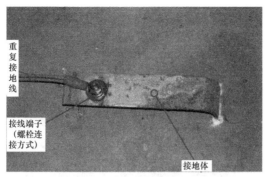

图 2-28　配电线路中端重复接地

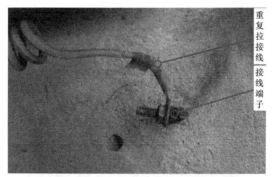

图 2-29　配电线路末端重复接地

图 2-30　桥式起重机部位的重复接地

图 2-31 发电机部位重复接地

2. 保护接零的部位与接线方法（图 2-32～图 2-53）

图 2-32 水泵部位重复接地

图 2-33 桩机部位的接零保护

图 2-34　桩机电动机外壳部位保护接零

（a）　　　　　　　　　　　　　（b）

图 2-35　盾构机架体保护接零

（a）盾构机架体；　（b）盾构机架体

图 2-36　盾构机变压器保护接零

保护接零端子

图 2-37　龙门吊车保护接零

保护接零端子

图 2-38　施工升降机轿厢保护接零

保护接零端子

图 2-39　吊篮架体保护接零

图 2-40 盾构机架保护接零

图 2-41 升降式脚手架架体保护接零

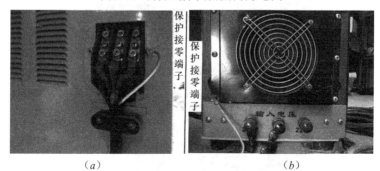

(a)   (b)

图 2-42 电焊机保护接零

(a) 氩弧焊机; (b) 交流电焊机

保护接零端子

图 2-43 气泵保护接零

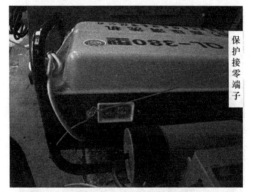

保护接零端子

图 2-44 清洗机保护接零

保护接零端子

图 2-45 砂轮切割机保护接零

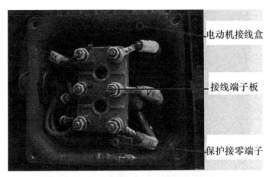

电动机接线盒

接线端子板

保护接零端子

图 2-46 钢筋加工机械保护接零

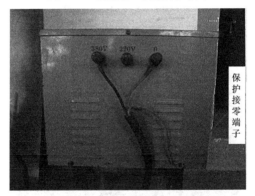

保护接零端子

图 2-47 照明变压器保护接零

保护接零端子

图 2-48 小型变压器保护接零

保护接零端子

图 2-49　电风扇保护接零

保护接零端子

图 2-50　手电钻保护接零

保护接零端子

图 2-51　镝灯保护接零

图 2-52　碘钨灯保护接零

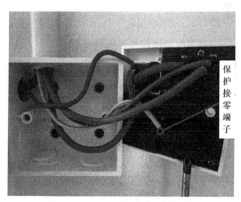

图 2-53　三相插座保护接零

2.2　掌握电气元件、导线和电缆规格、型号的辨识能力

2.2.1　电气元件的规格、型号

　　电气元件的内容，我们在"专业基础知识"中已经进行了比较详细的阐述，而且涉及施工现场临时用电中的电气元件的品种、规格、型号相对固定，此处不再做更多的说明。

2.2.2 导线的规格、型号

1. 电源线的代号

电源线的型号由分类用途代号和材料结构等特性代号组成。

（1）分类用途代号

B——布电线；R——日用电器用软线；BB——玻璃丝编制涂蜡布电线。

（2）结构代号

T——铜，L——铝，X——橡皮（在护套电线中可省略），V——塑料（聚氯乙烯），H——橡套，V——塑料护套，M——棉纱编织涂蜡（可省略），BL——玻璃丝编织涂蜡。

2. 常用电源线的规格、型号及用途（表 2-1）

常用电源线规格、型号及用途 表 2-1

型 号	名 称	交流电压（V）	线截面（mm²）	性能及用途
BX	铜芯橡皮线	500	0.75～500	
BLX	铝芯橡皮线	500	2.5～400	
BXR	铜芯橡皮软线	500	0.73～400	
BBXR	铜芯玻璃丝编织橡皮软线	500	0.75～95	
BBX	铜芯玻璃丝编织橡皮软线	500	0.75～95	
BV	聚氯乙烯绝缘线（单芯）	500	0.5～185	耐油、耐燃，潮湿的室内使用，工作温度≤65℃，不得直接埋入抹灰层中
BLV	聚氯乙烯绝缘线（单芯）	500	0.5～400	
BVV BLVV	聚氯乙烯绝缘护套线（一至三芯）	500	0.2～10	耐油、耐燃，潮湿的室内使用，工作温度≤65℃，不得直接埋入抹灰层中

型　号	名　　称	交流电压（V）	线截面（mm²）	性能及用途
BXF BLXF	氯丁橡皮绝缘线（单芯）	500	0.75～95	抗油性、不易发霉、不延燃、耐日晒、耐寒、耐腐蚀环境使用，工作温度≤65℃
BVB	聚氯乙烯绝缘线（单芯）	500	0.75～50	仪表、开关连接等软线连接部位使用，工作温度≤65℃

2.2.3　电缆线的规格、型号

1．电缆线的代号

电缆线的型号由分类用途代号和材料结构特性代号组成。

（1）分类用途代号

不标——电力电缆；K——控制电缆；P——通信电缆；S——射频电缆。

（2）结构代号

1）绝缘种类：V——聚氯乙烯；X——橡胶；Y——聚乙烯；YJ——交联聚乙烯；Z——油浸纸。

2）导体材料：L——铝；T（可省略）——铜。

3）内护层：V——氯乙烯护套；Y——聚乙烯护套；L——铝护套；Q——铅护套；H——橡胶护套；F——氯丁橡胶护套。

4）外护层：包括铠装层和外被层，用两位数字表示，第一位数字表示铠装，第二位数字表示外被，如粗钢丝铠装纤维外被表示为41。

铠装层：0——无；2——双钢带；3——细钢丝；4——粗钢丝。

外被层：0——无；1——纤维外被；2——聚氯乙烯护套；3——聚乙烯护套。

5）阻燃电缆：在代号前加 ZR，耐火电缆在代号前加 NH。

ZR——表示阻燃型；NH——表示耐火；YJ——表示交联聚乙烯绝缘；V——聚氯乙烯外护套。

2. 常用电缆线的规格、型号及用途（表2-2）

常用电缆线规格、型号及用途　　　　表2-2

型号	名　称	交流电压（V）	截面（mm²）	性能及用途
VV（VLV）	聚氯乙烯绝缘护套电力电缆（一至四芯）	≤1000	一芯 1.5～500 二芯 1.5～150 三芯 1.5～300 四芯 4～185	输配电线路使用，工作温度≤65℃，环境温度＜0℃敷设时必须先加热，弯曲半径不小于电缆外径的10倍
VV₂₂（VLV₂₂）	塑料绝缘护套内钢带铠装铜（铝）芯电力电缆	≤1000	1.0～400	能承受机械外力
XV(XLV)	橡皮绝缘聚氯乙烯护套电力电缆（一至四芯）	≤6000	XV 一芯 1.5～240 XLV 一芯 2.5～630 XV 二芯 1～185 XLV 二芯 2.5～240 XV 三至四芯 1～185 XLV 三至四芯 2.5～240	输配电线路使用，工作温度≤65℃，环境温度—15℃，弯曲半径不小于电缆外径的10倍
ZQ(ZLQ)	铜（铝）芯绝缘裸铅包电力电缆	≤1000	2.5～300	对电缆应没有外力
RVV	聚氯乙烯绝缘铜芯软电缆	500	0.5～4	适用于小型电动工具、仪表及动力照明
YQ YQW	轻型橡皮绝缘护套电缆（一至三芯）	＜250	0.3～0.75	适用轻型移动电气设备，YQW型具有一定耐油性
YZ YZW	中型橡皮护套电缆（一至四芯）	＜500	0.5～6	适用轻型移动电气设备，YQW型具有一定耐油性
YC	重型橡皮护套电缆（一至四芯）	＜500	2.5～120	适用轻型移动电气设备，YQW型具有一定耐油性

2.3 掌握施工现场临时用电接地装置的接地电阻、设备绝缘电阻和漏电保护装置参数的测试

2.3.1 接地装置的接地电阻

1. 测试接地装置的接地电阻

临时用电系统在阶段性设置完成后，应进行接装置的测试，接地电阻符合"临时用电组织设计"的要求后，方可进行使用。接地电阻测试操作，如图 2-54 所示。

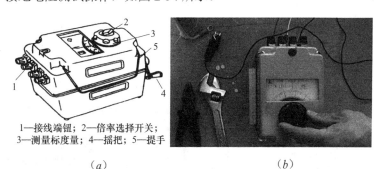

1—接线端钮；2—倍率选择开关；
3—测量标度量；4—摇把；5—提手

（a）　　　　　　　　　　　（b）

图 2-54　实测操作之一

（a）ZC-8 型接地电阻测试仪；（b）接地测试电阻读数

2. 测试方法

（1）测试前先将仪表调零后进行接线

调零是把仪表放在水平位置，检查检流计指针是否指在红线上，若未在红线上，则用"调零螺丝"把指针调整于红线。

（2）对有四端扭的接地电阻测试仪，它的接线按图 2-55（a）所示方法进行。

测量仪的附件有两根接地探测针，三根导线，长约 5m 的一根导线用于仪表（C2、P2）与接地极（E′）的连接，20m 的一根导线用于仪表（P1）与电位探针（P′）的连接，40m 的一根导线用于仪表（C1）与电流探针（C′）的连接；两根接地探测针分别是接地电位探针（P′）与接地电流探针（C′）。使用时将

电位探针（P′）插在接地极（E′）与电流探针（C′）之间，三者成一直线且彼此相距20m，再用导线将（E′）、（P′）、（C′）连接在仪器的相应钮C2、P2、P1、C1上，其中C2、P2用连接片短接再用导线与接地极连接。

对于三端钮的测试仪，C2、P2内部已接通，仪表端钮上标以符号"E"，其接线方法如图2-55（b）所示。

（3）ZC-8型有两种表，一种是0～1Ω、0～10Ω、0～100Ω，另一种是0～100Ω、0～1000Ω。将"倍率标度"开关置于最大倍数，一面慢慢摇动电机手柄，一面转动"测量标度盘"使检流计指针处于中心红线位置上（图2-55c），当检流计指针接近平衡时，加快摇动手柄，使发电机转速达到每分钟120转，再转动"测量标度盘"使指针稳定地指在红线位置，这时就可读取接地电阻的数值（"测量标度盘"的读数乘以"倍率标度"即为所测电阻值。）

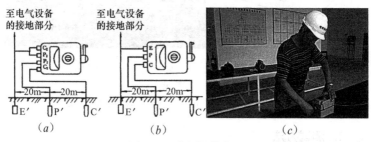

图 2-55　实测操作之二

（a）四端钮测试仪接线；（b）三端钮测试仪接线；（c）重复接地电阻测量

（4）如果"测量标度盘"的读数小于1，则应将"倍率标度"置于较小的挡，并按上述要求重新测量和读数。

（5）为了防止其他接地装置影响测量结果，测量时应将待测接地极与其他接地装置临时断开待测量完成后，再重新将断开处牢固连接。

2.3.2　设备绝缘电阻

对用电设备的电气绝缘电阻测试，是指用电设备在投入使用

（或维修后投入使用）之前，对导线和导线芯体与金属壳体的绝缘电阻的测试。

1．绝缘电阻测试仪表的选择

测试绝缘电阻用绝缘电阻仪表（图2-56），施工现场测量绝缘电阻表应选0～500MΩ的绝缘电阻表（俗称摇表）。

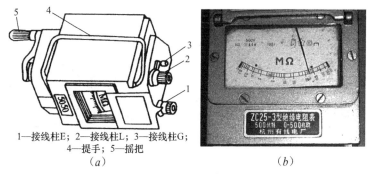

1—接线柱E；2—接线柱L；3—接线柱G；
4—提手；5—摇把
（a）   （b）

图2-56　实测操作之三

（a）绝缘电阻表；（b）电机绕组绝缘电阻读数

2．照明或动力线的绝缘电阻测试

将绝缘电阻表接线柱（E）可靠接地，接线柱（L）按照被测线路上，如图2-57（a）所示线路接好后，顺时针方向摇动摇柄，如图2-57（b）所示，转速由慢变快，最终达到每分钟120转时稳定转速，并保持1分钟，表针所示的数值就是被测的绝缘电阻值。

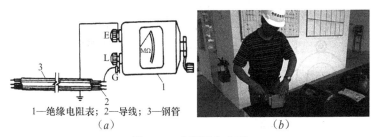

1—绝缘电阻表；2—导线；3—钢管
（a）   （b）

图2-57　实测操作之四

（a）测量照明或动力线路的绝缘电阻；（b）电机绕组对壳绝缘电阻的测量

3．电动机的绝缘电阻测试

将绝缘电阻表接线柱（E）可靠接机壳，接线柱（L）接到电机绕组上，如图 2-58（*a*）所示。线路接好后，顺时针方向摇动摇柄，如图 2-58（*b*）所示，转速由慢变快，最终达到每分钟 120 转时稳定转速，并保持 1min，表针所示的数值就是被测的绝缘电阻值。

1—绝缘电阻表；2—电动机

（*a*）　　　　　　　　　　　　　　（*b*）

图 2-58　实测操作之五

（*a*）测量电动机绝缘电阻；（*b*）电动机绕组间绝缘电阻的测量

4．电缆线的绝缘电阻测试

测试电缆导线芯与电缆外壳的绝缘电阻时，除将被测两端分别安装到（E）和（L）接线柱上，还需要将（G）接线柱引线安装到电缆壳与线芯之间的绝缘层上，如图 2-59 所示。

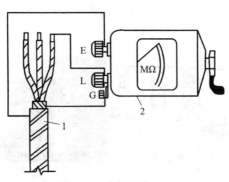

图 2-59　实测操作之六

1—绝缘电阻表；2—电缆

2.3.3 漏电保护器测试

1.漏电保护器测试仪介绍

LBQ-Ⅱ型漏电保护器测试仪主要用于测试漏电保护器的漏电动作电流，漏电不动作电流以及漏电动作时间。测试电流为0～500mA分为十档，时间测试范围0～799 ms（毫秒），16位字符蓝屏液晶显示（图2-60）。该测试仪为手持式、体积小、重量轻、便于携带，就目前而言是各种漏电保护器现场或室内检测的最佳测试仪表。

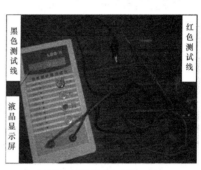

图2-60　LBQ-Ⅱ漏电保护器测试仪

2.LBQ-Ⅱ型漏电保护器测试仪技术参数

（1）额定电压: AC220V。

（2）测试线电压: AC250V 以下。

（3）漏电电流分档: 15、30、50、75、100、150、200、250、300、500mA，共十档。

（4）测试漏电动作时间范围: 0～799 ms。

（5）漏电电流精度: 1级。

（6）动作时间显示精度: 0.5级。

（7）使用环境温度: 0～40℃。

（8）使用环境相对湿度: ＜85%。

（9）外形尺寸: 195mm（长）×101mm（宽）×42mm（深）。

3.测试方法与步骤

将被测漏电保护器的负载引线拆下，以防损坏负载侧电器。

（1）按下"开／关"右上方的红色按钮接通本仪表工作的电源，左上方的 15mA 红色指示灯发亮，正上方的液晶屏显示"MANUAL 000ms"（注 MANUAL= 手动）。

（2）查看被测试漏电开关铭牌上标定值，一般户内型单相二线式的漏电保护器的额定动作电流 =30mA，额定不动作电流 =15mA，分断时间≤ 0.1s（即≤ 100ms）。

（3）点压"换档"按钮，左侧竖行一排。

（4）将测试表棒的红色插头插入"测试线"的红色座内，黑色插头插入"地线"的黑色座内，黑色插头线的另外一头是黑色的鳄鱼夹，将其夹到被测试的漏电保护器旁的地线桩上。

（5）将测试棒的红色插头线另外一头的碰触漏电保护器下桩头对应的火线（220V），此时的漏电保护器会跳闸分断，正上方的液晶屏显示"MANUAL xxxms"（注: MANUAL= 手动，xxx 为被测漏电保护器的分断时间值），如不跳闸，液晶屏则会显示"MANUAL fauat"（fault= 失效）。

（6）检查所测数据是否符合铭牌上所规定的值。

（7）按下"复位"绿色按钮，仪表数据归零，进入开机原始状态，为下一次测试做好准备，如要连续测试，重复上述程序。

漏电保护装置测试接线，如图 2-61 所示。

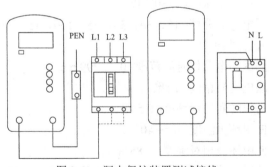

图 2-61　漏电保护装置测试接线

4.自动检测

本仪表设有"手动／自动"切换按钮，正上方的液晶屏显示

"AUTO O00ms"（注：AUTO = 自动），即为自动检测状态，当用"换档"按钮选定的额定动作值测试时，如不能跳闸，1s后会自动将测试值加大一档连续测试，直至漏电保护器跳闸分断。此时左侧竖排的红色灯亮，所对应的档位就是实际的漏电动作电流值，正上方的液晶屏显示"AUTO xxxms"（xxx 即为对应电流档位的动作时间值）。

5．使用注意事项

（1）"测试线"和"地线"一定不能接错，红对红接 220V（火线），黑对黑接地桩，有时接地桩松动（接地不良）也会造成测试失败，请注意确认。

（2）打开"开 / 关"按钮时，如发现指示灯较暗、液晶屏无显示，可能是电池电量不足引起的。可在仪表反面用小号螺丝刀起子卸下电池后盖，更换相同型号的电池。

（3）在使用、携带过程中，应轻拿轻放，不可有强烈的颠簸、振动、摔撞，并应防止化学反应物的侵蚀。

漏电保护器测试实际操作，如图 2-62 所示。

图 2-62　实测操作之七

2.4　掌握施工现场临时用电系统故障及电气设备故障的排除技能

2.4.1　施工现场临时用电系统的故障及排除

1．三级配电的常见问题及引发的故障

（1）在总配电箱以下串联设置三个或多个分配电箱，用分配电箱中断路器控制用电设备。一是由于没有形成三级配电而缺少一级漏电保护，如发生触电事故时增加伤亡的概率。二是维修分配电箱内的电器元件时，该分配电箱管控的全部用电设备将全部断电。三是如果总配电箱漏电保护器动作，施工现场将全面断电。上述情况严重影响施工安全与施工进度。

（2）采取适用于近距离和小容量负荷场所使用的串联分配电箱的方式配线。这种串联的链式配线链，连接独立负荷不宜超过3～4个，否则配电系统的电压不能满足用电设备的正常使用。

（3）重复接地在引下线上没有设置测试端子。由于没有设置测试端子，不能测试接地电阻的阻值，如果接地电阻阻值大于10Ω，在发生漏电时重复接地起不到应有的作用。

2. 配电室进出线的常见问题及引发的故障

（1）进线缺套管防护或进线口位置防护不严密，易造成电源线绝缘层的损伤。

（2）进线零乱、未设线束固定，电缆没有挂牌、标识。进线零乱未固定，电流通过线路时，线路之间的相互干扰易产生感应电压，未形成导电回路则存在安全隐患，如果形成回路则产生事故。电缆没有挂牌、标识，影响对线路的识别，发生突发事件时，不能速度切断相应的电源分断隔离开关。

（3）进出电缆线路未设置电缆沟保护或电缆沟未设盖板。未设置电缆沟易损伤电缆，电缆沟未设盖板易造成老鼠损坏电缆绝缘层。

（4）电源（缆）线没有根据用电量进行电流计算。如果导线截面不能满足允许载流量时，流量超载会造成导线过热（长期工作温度超过＋65℃），导线绝缘层会加速老化或破坏，进而引发短路事故。

3. 配电室构造的常见问题及引发的故障

（1）配电室选址在低洼处，室内地面低于室外地坪，未设置有效的排水设施。

（2）配电室建筑材料不能满足防火要求，室内净高度低于

3m，未设置自然通风、防鼠措施，配电室面积过小等。

（3）配电室通道上堆放障碍物、地面未铺设绝缘垫。

上述情况会存在多种安全隐患，如电源线的绝缘强度降低、电源线破损、电气元件受潮失灵、配电室潮湿增加了感应触电的概率。

4．配电室内部布置的常见问题及引发的故障

（1）使用非电气火灾专用的灭火器，或灭火器过期失效；灭火砂箱数量少、容量小。

（2）没有设置事故照明或未在总配电箱接入线前端连接照明线路。

（3）配电室存在一室多用的情况，配电室铁门和电气设备金属外壳未做接零保护。

（4）总配电箱周围作业空间未达到现行规范要求，未设置相应的安全警示标牌。

上述情况会存在多种安全隐患，如使用非专用灭火器或砂子扑灭配电箱火灾，会造成配电箱内的电气元件大部分失灵或损坏。

5．配电箱配置中的常见问题及引发的故障

（1）箱体板材厚度没有达到现行标准要求、箱体陈旧破损，配电箱及其安装的电器元件未通过国家强制性产品"CCC"的认证。

（2）未使用可见分断点的断路器、漏电保护器，断路器或漏电保护技术参数与实际不匹配。

（3）导线线色混乱、错接、布线零乱，进出线未做绝缘护套保护。

（4）未设置 N 线或 PE 线接线端子板、端子板损坏。

（5）PE 线截面小于现行规范要求。

上述情况会存在多种安全隐患，如断路器、漏电保护器等电器元件动作迟缓、失灵，导线损伤形成断路，多根导线接在同一个接线端点并形成虚接，意外情况下 PE 线过载而断路。

6．配电线路敷设中的常见问题及引发的故障

（1）未选用通过国家强制性产品"CCC"认证电源线，或电源线陈旧老化、绝缘层损坏，未通过计算选用的电源线。

（2）五芯电缆线使用"4+1"的形式，PE 线用单芯电源线替代；用电缆线的保护铠甲作为 PE 线；电源线连接不牢固、防水或绝缘包缠不牢固。

（3）架空线路支架设置不牢固、支架间距大于 35m，竖担设置不牢固、未使用绝缘子瓷瓶，电源线与绝缘子固定不牢固。

（4）架空线路设置在脚手架、树干或临时设施上，架空线高度和电源线弧度距地面垂距高度不符合现行规范要求。

（5）电缆线埋设深度小于 0.8m，电缆线未使用砂子覆盖或电缆线上未使用硬质材料防护，电缆线过路地段或引出地面处未使用防护套管或其他防止机械损伤的措施。

（6）电源线沿墙敷设处理成沿墙地面明设，敷设电源线的墙面变形，固定电源线的支架或者线槽不牢固，金属线槽的电气连接松动。

（7）在建工程竖井、垂直孔洞内敷设的电源线未做到每层楼固定一处，水平敷设未做到刚性固定，最大弧度垂直距离地面低于 2m。

（8）PE 线被混用或 PE 线未有明显的绿/黄双色标识，未将淡蓝色芯线作为 N 线；三相四线制配电的电缆未使用五芯电缆。

上述情况会存在多种安全隐患，如电源线超负荷运行、PE 线截面不能满足现行规范要求超载运行、电源线虚接、电源线接头包缠不防水、敷设方式未满足现行规范要求造成电缆线损伤芯线变形、专用相线混接形成芯线超载等。

7. 施工现场保护接零和重复接地中的常见问题及引发的故障

（1）未对有关的施工机械、设备（含手持电动工具）、照明灯具等设置保护接零，保护接零的 PE 线与设备的接线端子连接不牢固。

（2）未设置重复接地、未在规定的部位设置重复接地、重复接地的材料不合格、接地装置之间焊接不满足有关标准。

上述情况将导致保护零线和重复接地虚设，漏电情况发生时引发触电事故或电气火灾事故。

2.4.2 施工现场临时电气设备的故障

电气故障，是指由于直接或间接的原因，使用电设备、配电设备、施工机械设备被损坏而不能正常运转的情况。

1. 电动机的电气故障

电动机的一般故障，主要有轴承松动和磨损，绕组断路和短路，接线错误、负荷过重、转子振动、机械卡死等。这些故障将导致电动机负荷电流增大、升温过高、转子不转或转动状态不正常等。

2. 手动开关的电气故障

按钮开关、转换开关、隔离开关等手动或自动开关的一般故障，主要是因使用不规范或质量问题造成机构部分松脱或触头接触不良等。

3. 继电器和接触器的电气故障

继电器和接触器的一般故障，一是内部机构位置偏移或弹簧松动产生的触头接触不良；二是触头烧坏、氧化导致的触头之间接触不良；三是交流接触器因短路环断裂造成铁芯强烈振动。

4. 断路器的电气故障

断路器的一般故障，是操动失灵、绝缘故障、开断或关合性能不良、导电性能不良。

5. 变压器的电气故障

变压器的一般故障，多是线圈短路或断路、绕组间绝缘击穿。原因是电压过载、负荷过大、过热、受潮、受腐蚀等，使绝缘强度降低所致。

6. 半导体元件的电器故障

半导体元件的一般故障，是自身失效、极间击穿，也有因供电电源和负载线路的故障而损坏的情况。

7. 电阻器和电位器的电器故障

电阻器的一般故障，是由于电流过大而烧坏断路的故障。电位器的一般故障，是因为接点接触不良、转轴不灵活或电流较大而损坏。炭膜电位器的炭膜因磨损而造成接触不良，线绕电位器的电阻丝因电流过大而烧断。

8．电容器的电器故障

电容器是一种不易损坏的电气元件，但由于温度过高或绝缘能力降低等原因，却可使绝缘击穿而损坏。

2.4.3 电气故障产生的原因

1．电源方面

（1）电压波动

正常情况下用电设备要求电压波动范围在 ±5% 以内。电压偏高时电气设备的寿命将大大缩短，电压偏低电气设备又无法提供足够的功率。对于额定负载运转的电动机来说，过载能力下降，电流增大，电机会加快发热，极易烧毁电机。

（2）三相电源不平衡或缺相，极易造成电气设备损坏。

（3）不同的电源频率下，电气设备的工作性能将发生一系列变化，因此会引起电气设备工作异常和损坏。

（4）电流增大，电气设备的工作温度升高，加快设备绝缘老化，使设备绝缘损坏。

2．电气设备内部因素

（1）电动力与电流的大小关系密切，电动力可使导体变形，开关误动作，触头变形。

（2）电弧是一种普遍的放电现象，它能量集中、温度高、易导电，因此破坏力极大。

（3）由于安装工艺或导线质量等问题，会导致接触不良、脱线、短路等故障。

（4）元件本身的质量问题导致的各种故障。各种电气元器件都有使用期限，超过期限后其性能就会下降和失效。比如电机、变压器，超过使用期限后其绝缘性能下降。断路器、交流接触器和电位器长期使用，会使触头接触不良。断路器、漏电保护器等超期使用，内部机构位置会偏移或弹簧松脱。半导体元件、电阻器和电容器超期使用，会使阻值、容量和性能发生变化。

3．环境因素

（1）环境温度是影响电气设备正常工作的一个重要因素。环境温度过高影响电气设备自然散热，导致电气设备温度也增高，加快绝缘老化，严重时可烧毁绝缘层。

（2）空气湿度过大，设备表面凝聚水分，将适合霉菌滋生，降低电气绝缘强度，加快金属的腐蚀，导致接触面氧化，接触电阻增大。

（3）大气气压降低，空气密度下降，空气的绝缘强度也下降。空气散热能力降低，设备温度增加，灭弧能力降低，开断电流变小，在高海拔地区影响特别明显。

（4）积尘太多，容易造成电气设备和线路的漏电、放电或触头接触不良，在高海拔地区影响特别明显。

（5）雷电、振动、冲击等对设备的整体结构影响很大。

（6）风、雨、雪等灾害性天气，会引起供电线路相间短路，甚至断线。

4．人为因素

操作者不按操作规程进行操作，可导致电气设备和线路无法正常工作或损坏。由于管理不善、违章作业，会造成供电线路的破坏。

2.4.4 施工现场临时用电系统故障及电气设备故障的排除

排除施工现场临时用电系统故障及电气设备故障，第一步是先检查确定故障，第二步是排除故障。一般情况下，应按照观察现象、分析原因、实际测量和暴露故障的步骤反复检查，直至故障排除为止。

1．电气故障的检修原则

（1）先看后想

检修前，首先要全面观察，然后结合专业理论知识和电气控制系统工作原理，分析和判断发生故障的范围和原因，寻找电气故障点。

（2）先外后内

检修时，先进行外部检查，利用控制面板上的按钮、开关，结合建筑机械的各组成部分的功能动作情况，不断缩小检查范围，在电气设备的外部没有问题的情况下，再有针对性地进行内部检查。

（3）先简后繁

检修应先从易产生故障的部位开始，当确认没有问题时，再对不易测量和拆卸的地方进行检修。

（4）先静后动

检修时，应先断电进行静态检查，然后再通电进行动态检查。这样可以避免故障原因未查明前，因贸然通电造成新的故障或触电事故。

2. 电气故障检修的基本方法

复杂的控制电路、用电设备涉及的线路多、电气元件多，故障发生后必须从许多可能的原因中，通过分析、判断及测量的方法，将故障从整个系统逐步地排除压缩到小的部件或元件上，这样的过程需要运用以下方法才能顺利完成。

（1）直觉法

通过类似中医治疗的"望、闻、切、问、听"的方法来发现异常情况的所在部位。

1）望，仔细察看各种电气元件的外观变化情况。如触点是否烧熔、氧化，熔断器熔体是否熔断，热继电器是否脱扣，导线和线圈是否烧焦，热继电器整定值是否合适，瞬时动作整定电流是否符合要求等。

2）闻，靠近电动机、变压器、继电器、接触器、绝缘导线等处，查找气味的变化。如有焦味则表明电器绝缘层已被烧坏，主要原因则是过载、短路或三相电流严重不平衡等故障。

3）切，用手触摸或轻轻推拉导线或电器的疑似部位，查找异常变化情况。如用手背抚触电动机、变压器和电磁线圈表面，感觉温度是否过高。轻拉导线，看连接是否松动。轻推电气活动机构，看移动是否灵活等。

4）问，向操作人员了解故障发生前后的情况。如故障发生前是否过载、频繁启动和停止；故障发生时是否有异常声音、振动，有无冒烟、冒火等现象。

5）听，主要聆听故障发生前后电气设备的声音变化情况。如听电动机启动时是否只"嗡嗡"响而不转，接触器线圈通电后是否噪声很大等。

（2）替代法

当怀疑某一部件或元件有故障时，可用好的同类部件或元件代替比较，则能很快找到故障。大家应注意某些元件的损坏是因为电路过载所引起的，此时虽然更换了好的元件，但因故障还没有根本消除仍会损坏。

（3）测量法

就是用试电笔、万用表、钳形电流表、兆欧表等常用的测试工具和仪表，通过对电路进行带电或断电时的电压、电阻、电流等的测量，来判定电器元件的好坏、设备的绝缘以及线路的通断情况。

在用测量法检查故障点时，一要保证各种测量工具和仪表完好、使用方法正确，二要注重防止感应电、回路电及其他并联支路的影响，以免产生误判定。常用的测量方法有：电压分阶段测量法、电阻分阶段测量法和短接法等。

总之，以上的基本方法应根据实际情况具体分析、灵活运用。

3. 电气故障检修时的注意事项

排除电气故障的目的，是使建筑机械或用电设备恢复出厂时的性能而正常工作，因此在找出故障之后应及时修复。电气故障检修时，应注意以下几点：

（1）必须在找出故障的根本原因后，才能更换新元件。

（2）新更换的电气元件必须完好、合乎规格并符合原技术要求，使用不合适时应及时调整。

（3）在更换零件或进行拆装时，动作应细心、准确，避免损伤其他零件或部件。

2.5 掌握利用模拟人进行触电急救操作技能

在前面的章节中，我们介绍了施工现场临时用电常见事故原因及处置方法，这一章里我们讲述利用模拟人进行触电急救的操作，使大家进一步了解并掌握触电救援的方法，以便在日常可能发生的触电救援工作上发挥应有的作用。

2.5.1 使触电者脱离受害电流伤害的方法

发生事故时，首先要切断电源。首先是因为触电时间越长，对人体损害越重。其次是当人体触电时，身上有电流通过，是带电的导体，对救援者是一个严重的威胁，能造成救援者也触电。所以必须先使触电者脱离电源，方可抢救。

（1）脱离低压触电的几种基本方法，如图 2-63 所示。具体操作方法在前面的章节中讲过，请大家参阅。此处给出的图示，帮助大家增强直观感受，让学员们更加熟悉这几种救援方法，遇到突发事件时能够正确使用。

图 2-63　低压触电救援方法
（a）"拉"下电闸；（b）"切"断电源；（c）"挑"开导线；
（d）"拽"开触电者；（e）"垫"起触电者

（2）脱离高压触电的几种基本方法，如图2-64所示。

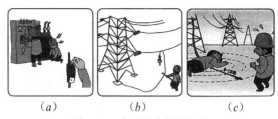

（a）　　　　　　（b）　　　　　　（c）

图2-64　高压触电救援方法

（a）拉闸断电；（b）短路断电；（c）跳跃撤离

采用拉闸断电与跳跃撤离的方法脱离高压电，在前面的章节里讲过，请大家参阅。短路断电，是采用导线一头接地、另一头接线的方法，人为造成线路的短路而形成断电。

2.5.2　瞳孔扩大的状态

确定"假死"的方法之一，就是观察瞳孔是否扩大，如图2-65所示。请大家参阅此图熟悉、掌握瞳孔放大的状况，以便提高确定"假死"的准确率。

（a）　　　　　　　　（b）

图2-65　瞳孔扩大

（a）正常的瞳孔；（b）扩大的瞳孔

2.5.3　"假死"抢救的方法

在前面的章节中我们讲过"假死"的三种状：心脏停止、呼吸停止、呼吸与心跳全停，在这种情况下我们将按以下方法进行抢救。

1．摆放伤者体位

摆放伤者体位，是为了进行检查做准备，体位不正确将影响检查的准确性。摆放伤者体位的实际操作，如图 2-66 所示。

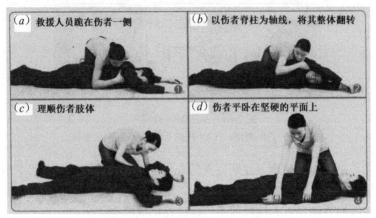

图 2-66　摆放伤者体位的实际操作

2．检查并清除口腔异物

因为电击引发人的全身肌体痉挛，胃的痉挛能将胃里的食物通过食道反刍至口腔，如果此时伤者呈现"假死"状态，口腔中的异物易引发伤者窒息而导致死亡。因此，检查口腔并清除口腔中的异物，是救援触电人员的一个重要环节。

呼吸道阻塞与畅通情况，如图 2-67 所示。

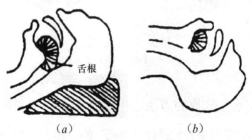

图 2-67　呼吸道阻塞与畅通情况
（a）呼吸道阻塞；（b）呼吸道畅通

检查与清除口腔异物实际操作，如图 2-68 所示。

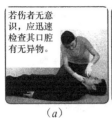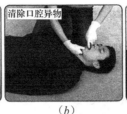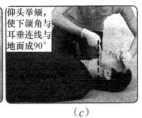

图 2-68　检查并清除口腔异物
（a）检查口腔异物；（b）清除口腔异物；（c）打开气道

3．胸外心脏按压

胸外心脏按压，对于心脏停止跳动者，应尽快以不小于 100 次／分钟的速度，进行胸外按压 30 次，按压深度不小于 5cm。

心脏按压部位，如图 2-69 所示。

心脏按压步骤，如图 2-70 所示。

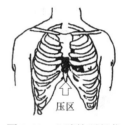

图 2-69　心脏按压部位

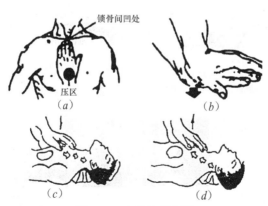

图 2-70　心脏按压步骤
（a）中指对凹腔，当胸放掌；（b）掌根用力下压；
（c）慢慢压下；（d）突然放松

胸外心脏按压实际操作，如图 2-71 所示。

227

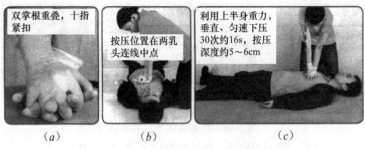

（a）　　　　　　（b）　　　　　　　（c）

图 2-71　胸外心脏按压实际操作

（a）按压手势；（b）按压侧面；（c）按压正面

4．人工呼吸

人工呼吸，就是以口对口地吹气。对于呼吸停止的伤者采取此种方法，能起到恢复自主呼吸的作用。

人工呼吸的单人与双人操作，如图 2-72 所示。

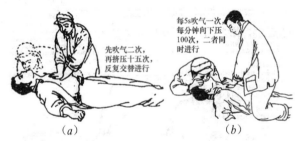

（a）　　　　　　　　　　　（b）

图 2-72　人工呼吸的单人与双人操作

（a）单人操作；（b）双人操作

人工呼吸实际操作，如图 2-73 所示。

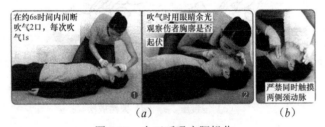

（a）　　　　　　　　　　　（b）

图 2-73　人工呼吸实际操作

（a）人工呼吸；（b）触摸颈动脉

2.5.4　利用模拟人进行触电急救操作技能的演示

1．使用绝缘物体挑开模拟人身上的电线

使用木棍挑开触电者身上的电线，如图 2-74 所示。

图 2-74　挑开模拟人身上的电线

2．训练人工呼吸

人工呼吸，如图 2-75 所示。

　　　　　（a）　　　　　　　　　　　　（b）
图 2-75　人工呼吸训练与考核
（a）人工呼吸训练；（b）人工呼吸考核

3．训练体外心脏挤压法

体外心脏挤压法，如图 2-76 所示。

（a）　　　　　　　　　　　　（b）

图 2-76　训练体外心脏挤压法

（a）体外人工心脏挤压法；（b）挤压法实操考核

附录 A 建筑电工安全技术考核大纲 （试行）

1.1 安全技术理论

1.1.1 安全生产基本知识

1 了解建筑安全生产法律法规和规章制度

2 熟悉有关特种作业人员的管理制度

3 掌握从业人员的权利义务和法律责任

4 熟悉高处作业安全知识

5 掌握安全防护用品的使用

6 熟悉安全标志、安全色的基本知识

7 熟悉施工现场消防知识

8 了解现场急救知识

9 熟悉施工现场安全用电基本知识

1.1.2 专业基础知识

1 了解力学基本知识

2 了解机械基础知识

3 熟悉电工基础知识

（1）电流、电压、电阻、电功率等物理量的单位及含义

（2）直流电路、交流电路和安全电压的基本知识

（3）常用电气元器件的基本知识、构造及其作用

（4）三相交流电动机的分类、构造、使用及其保养

1.1.3 专业技术理论

1 了解常用的用电保护系统的特点

2 掌握施工现场临时用电 TN-S 系统的特点

3　了解施工现场常用电气设备的种类和工作原理

4　熟悉施工现场临时用电专项施工方案的主要内容

5　掌握施工现场配电装置的选择、安装和维护

6　掌握配电线路的选择、敷设和维护

7　掌握施工现场照明线路的敷设和照明装置的设置

8　熟悉外电防护、防雷知识

9　了解电工仪表的分类及基本工作原理

10　掌握常用电工仪器的使用

11　掌握施工现场临时用电安全技术档案的主要内容

12　熟悉电气防火措施

13　了解施工现场临时用电常见事故原因及处置方法

1.2　安全操作技能

1.2.1　掌握施工现场临时用电系统的设置技能

1.2.2　掌握电气元件、导线和电缆规格、型号的辨识能力

1.2.3　掌握施工现场临时用电接地装置接地电阻、设备绝缘电阻
和漏电保护装置参数的测试技能

1.2.4　掌握施工现场临时用电系统故障及电气设备故障的排除技能

1.2.5　掌握利用模拟人进行触电急救操作技能

附录 B 建筑电工安全操作技能考核标准（试行）

1.1 设置施工现场临时用电系统

1.1.1 考核设备和器具

1 设备：总配电箱、分配电箱、开关箱（或模板）各 1 个，用电设备 1 台，电气元件若干，电缆、导线若干；

2 测量仪器：万用表、兆欧表（绝缘电阻测试仪）、漏电保护器测试仪、接地电阻测试仪；

3 其他器具：十字口螺丝刀、一字口螺丝刀、电工钳、电工刀、剥线钳、尖嘴钳、扳手、钢板尺、钢卷尺、千分尺、计时器等；

4 个人安全防护用品。

1.1.2 考核方法

1 根据图纸在模板上组装总配电箱电气元件；

2 按照规定的临时用电方案，将总配电箱、分配电箱、开关箱与用电设备进行连接，并通电试验。

1.1.3 考核时间：90min。具体可根据实际考核情况调整。

1.1.4 考核评分标准

满分 60 分。考核评分标准见附表 B-1。各项目所扣分数总和不得超过该项应得分值。

考核评分标准 　　　　　　　　　　　　　附表 B-1

序号	扣分标准	应得分值
1	电线、电缆选择使用错误，每处扣 2 分	8

序号	扣分标准	应得分值
2	漏电保护器、断路器、开关选择使用错误，每处扣3分	8
3	电流表、电压表、电度表、互感器连接错误，每处扣2分	8
4	导线连接及接地、接零错误或漏接，每处扣3分	8
5	导线分色错误，每处扣2分	4
6	用电设备通电试验不能运转，扣10分	10
7	设置的临时用电系统达不到TN-S系统要求的，扣14分	14
合计		60

1.2 测试接地装置的接地电阻、用电设备绝缘电阻、漏电保护器参数

1.2.1 考核设备和器具

1 接地装置1组、用电设备1台、漏电保护器1只；

2 接地电阻测试仪、兆欧表（绝缘电阻测试仪）、漏电保护器测试仪、计时器；

3 个人安全防护用品。

1.2.2 考核方法

使用相应仪器测量接地装置的接地电阻值、测量用电设备绝缘电阻、测量漏电保护器参数。

1.2.3 考核时间：15min。 具体可根据实际考核情况调整。

1.2.4 考核评分标准

满分15分。完成一项测试项目，且测量结果正确的，得5分。

1.3 临时用电系统及电气设备故障排除

1.3.1 考核设备和器具

1 施工现场临时用电模拟系统2套，设置故障点2处；

2 相关仪器、仪表和电工工具、计时器;

3 个人安全防护用品。

1.3.2 考核方法

查找故障并排除。

1.3.3 考核时间:15min。

1.3.4 考核评分标准

满分 15 分。在规定时间内查找出故障并正确排除的,每处得 7.5 分;查找出故障但未能排除的,每处得 4 分。

1.4 利用模拟人进行触电急救操作

1.4.1 考核器具

1 心肺复苏模拟人 1 套;

2 消毒纱布面巾或一次性吹气膜、计时器等。

1.4.2 考核方法

设定心肺复苏模拟人呼吸、心跳停止,工作频率设定为 100 次 /min 或 120 次 /min,设定操作时间 250 秒。由考生在规定时间内完成以下操作:

1 将模拟人气道放开,人工口对口正确吹气 2 次;

2 按单人国际抢救标准比例 30 ∶ 2 一个循环进行胸外按压与人工呼吸,即正确胸外按压 30 次,正确人工呼吸口吹气 2 次;连续操作完成 5 个循环。

1.4.3 考核时间:5min。具体可根据实际考核情况调整。

1.4.4 考核评分标准

满分 10 分。在规定时间内完成规定动作,仪表显示"急救成功"的,得 10 分;动作正确,仪表未显示"急救成功"的,得 5 分;动作错误的,不得分。

参考文献

1.《建筑施工现场临时用电安全技术规范》（JGJ 46—2005）.

2.《建设工程施工现场供用电安全规范》（GB 50194—2014）.

3.《建筑电工》，住房和城乡建设部工程质量安全监管司组织编写，中国建筑工业出版社，2009 年.

4.《建筑工程施工临时用电安全实操指引》，祁志强、邝成子主编，中国建筑工业出版社，2012 年.

5.《施工现场临时用电安全要点》，岳永铭主编，机械工业出版社，2012 年.

6.《电力行业现场急救一本通》，广州市应急管理办公室/广州市红十字培训中心组编，中国电力出版社，2013 年.

7.《电工作业》，黑龙江省劳动安全科学技术研究中心编，黑龙江人民出版社，2013 年.

8.《现场电工一本通（第二版）》，吕方泉主编，中国建材工业出版社，2013 年.

9.《建筑电工（第二版）》，建筑工人职业技能培训教材编委会，中国建筑工业出版社，2015 年.

10.《现场电工（第三版）》，上海市建筑施工行业协会工程质量安全专业委员会，中国建筑工业出版社，2016 年.

11.《建筑电工》，黑龙江省建设安全协会编.